中国中药资源大典
区划系列

中国青蒿区划

张小波　黄璐琦　主编

科学出版社
北京

内 容 简 介

本书针对现代社会对中药青蒿的需求，以服务临床所需优质药材和工业原料生产为目标，针对青蒿药材临床应用、工业生产和农业种植活动中不同层次的多样化要求，基于中药学、地理学和统计学等交叉学科的视角，从省域、中国和世界 3 个空间尺度，介绍了青蒿分布区划、生长区划、品质区划、生产区划等方面的研究成果。本书为中药领域针对单品种中药材进行全面系统的区划"序曲"，可为相关学者针对其他中药材进行系统的区划研究提供指导。

本书既有理论和技术方法的探索创新，又有研究案例和实践经验的归纳总结，可以供从事中药学教学，青蒿资源保护、开发和利用研究，以及生产和管理的相关人员参考。

审图号：GS（2021）297 号

图书在版编目（CIP）数据

中国青蒿区划 / 张小波，黄璐琦主编 . —北京：科学出版社，2021.7
（中国中药资源大典 . 区划系列）
ISBN 978-7-03-069208-5

Ⅰ . ①中… Ⅱ . ①张…②黄… Ⅲ . ①青蒿－区划－中国 Ⅳ . ① S567.230.192

中国版本图书馆 CIP 数据核字（2021）第 111942 号

责任编辑：鲍 燕 / 责任校对：蒋 萍
责任印制：肖 兴 / 封面设计：黄华斌

科学出版社 出版
北京东黄城根北街 16 号
邮政编码：100717
http://www.sciencep.com

北京汇瑞嘉合文化发展有限公司 印刷
科学出版社发行 各地新华书店经销

*
2021 年 7 月第 一 版 开本：787×1092 1/16
2021 年 7 月第一次印刷 印张：15
字数：356 000
定价：158.00 元
（如有印装质量问题，我社负责调换）

基金项目资助

国家中医药管理局委托项目第四次全国中药资源普查（GZY-KJS-2018-004、GZY-KJS-2019-001），国家重点研发计划项目（2017YFC1701603、2017YFC1700701），国家科技重大专项（2019ZX09201-005），国家自然基金重大项目（81891014），中央本级重大增减支项目（2060302），科技基础性工作专项（2013FY114500），中国中医科学院重点领域项目（ZZ10-027），云南省科技计划项目（2017ZF004），北京市东城区优秀人才培养资助项目（2020-dchrcpyzz-41）。

编辑委员会

序

　　中药青蒿已成为国际上治愈疾病患者数目众多的一味中药，也已成为中国中医科学院的一张亮丽名片。由于其治疟效果确切，加上现代研究资料表明：青蒿中的青蒿素治疗其他疾病的可能性也在不断增大，这就形成了对青蒿的需求量呈不断上升的态势。世界卫生组织（WHO）曾为此召开了多次咨询会议，其中一个重要的议题便是："什么是青蒿生产和引种栽培最适宜的生态条件和地区？"以便可以获得高产优质的青蒿原材料。现在，《中药青蒿区划》终于通过大量的科学数据来回答了这个带有普遍性意义的议题了。

　　2019年全国科技工作会议，提出了要"持续加强基础研究和应用基础研究"等重点工作，并要求突出问题导向和目标导向。《中国青蒿区划》针对这方面的精神需求，对"青蒿优质药材生产区域选择"的核心问题开展了一系列研究：通过本草考证，梳理了历史上关于青蒿基原、临床应用以及产地变迁等数据；在实地调查和实验研究的基础上，获取了全国各地青蒿的空间位置、化学成分等方面的数据；融合有关中药学、地理学和统计学的技术方法，对区域间青蒿的差异性、相关性和规律性进行了分析；从省域、全国和世界不同空间的视野，开展了青蒿的分布区划、生长区划、品质区划、生产区划和综合功能区划等方面的研究。因而具有跨领域、多学科交叉融合解决中药材生产问题的特点，可从多个维度服务青蒿生产需求。并对其他中药和植物药的相关生产实践活动具有一定的指导和借鉴意义。

　　我衷心希望：中国中医科学院在全国和中医药发展的大好趋势下，将类似"青蒿"这样的名片越来越多地呈现给大家。这也意味着中医中药在人类命运共同体中，为守护人类健康方面，正在发挥着越来越强大的作用！我坚信这个目标一定会早日实现！

　　欣然为之序。

中国工程院院士

中国医学科学院药用植物研究所名誉所长　肖培根

2020 年 12 月 15 日

前　言

疟疾是严重危害人类健康的全球性传染病之一，在青蒿素问世和推广之前，全世界每年约有 4 亿人次感染疟疾，至少有 100 万人死于疟疾。20 世纪 70 年代，以屠呦呦老师为代表的研究团队从中药青蒿中分离出抗疟活性成分青蒿素。目前以青蒿素类药物为主的联合疗法已经成为世界卫生组织推荐的抗疟疾标准疗法，青蒿素已成为全球抗疟的主要药物。青蒿素也是我国发现的第一个植物化学药品，也是唯一被世界卫生组织认可的按合成药研究标准开发的中药。全球约有 2.4 亿人因青蒿素的发现而受益，约 150 万人避免了因疟疾引起的死亡。

中药青蒿来源于一年生草本植物 *Artemisia annua* Linn.，其广泛分布于温带、寒温带和亚热带地区，主产于中国、坦桑尼亚、肯尼亚和越南等地。2000 年来，随着全球气候变暖，炎热高温使疟疾在热带地区大面积流行，世界上有超过 40% 的人生活在疟疾疫区。自 2005 年世界卫生组织增加了在中国采购青蒿素药品的订单，全国各地均在大力发展青蒿的种植，建立生产基地。如何选取适宜的区域进行青蒿的人工种植，为工业提取青蒿素提供有价值的工业原料，成为亟待研究和解决的科研问题。

青蒿入药有 2000 多年的历史，古代本草多记载处处有之。在宋代青蒿主要分布于今天的陕西和宁夏一带。最早有道地产地记载的为明代《本草品汇精要》记载："道地汝阴、荆、豫、楚"，即明代优选出来青蒿的道地产区，在今天的湖北、河南和安徽周边地区。《清宫医案》记载"青蒿出荆州"，通过查阅《清宫医案》中青蒿入药的药方，主要是用于解热。基于青蒿素含量的高低，谢宗万建议青蒿道地药材取名"广青蒿"，胡世林在编著《中国道地药材》时将青蒿的道地产区定在重庆的酉阳。

唐朝以前，青蒿虽有截疟的记载，但青蒿入药主要用于治暑热、外治疥疮等。宋元明时期，青蒿进入了治疗急性热病的领域，也有了关于"治疟疾寒热"的功效和使用记载，并皆以青蒿复方配伍治疗。清代以来，随着温病学的发展，青蒿为温热病学家普遍重视，并作为道地药材广泛应用。相关研究从青蒿中共分离得到近 100 种成分，青蒿素和东莨菪内酯具有一定的抗疟作用，青蒿乙素和青蒿酸具有一定的解热作用。现代学者的相关研究表明，青蒿性寒、味苦，主要功效为清虚热，除骨蒸，解暑热，截疟，退黄；用于温邪伤阴，夜热早凉，阴虚发热，骨蒸劳热，暑邪发热，疟疾寒热，湿热黄疸。现代青蒿的药用价值突出表现在提取青蒿素用于治疗疟疾方面，药材质量的优劣也以青蒿素含量的高低为主要评价标准。

青蒿素的诺贝尔奖光芒，生动诠释了中医药的传统智慧。这些智慧，至今仍在时刻启示和驱动当代的中医药创新研究及发展。作为我国自力更生、自主创新的重大成果之一，青蒿素的发现，深刻诠释了创新如同新陈代谢一样，是生命之所在，也是灵魂之所在。编者依据"中医药的创新研究一定要强调传承，传承不够就会导致研究者对中医药的发展规律把握不准，甚至可能偏离方向。传承也并非和现代对立，而是能更好地驱动发展"指导思想，实施《中国青蒿区划》编撰工作。

本书针对青蒿优质药材生产基地选取的问题，围绕青蒿生产实践的需要。第一章：通过对青蒿本草考证和文献研究，明确青蒿的基原、道地产地变迁、主要功效及其对应指标成分等，为青蒿相关区划研究提供基础依据。第二章：通过对青蒿基原植物的分布区划，明确青蒿的地理空间分布界限。第三章：通过对青蒿基原植物的生长区划，明确不同区域之间青蒿数量的差异性空间分布特征和规律。第四、五章：通过对青蒿的品质区划，明确不同区域之间青蒿药材中主要化学成分、化学成分组合关系及其与环境之间的关系，明确基于化学成分作为青蒿质量评价指标，不同区域之间青蒿药材品质的差异性空间分布特征和规律。第六章：通过对青蒿的生产区划，明确不同区域之间某种化学成分生产能力的差异性空间分布特征和规律。第七章：对本书中用到的相关技术方法进行简要介绍，以便于读者理解相关部分的方法和结果。

青蒿区划工作涉及中药学、地理学、统计学等多个学科，作者深感学识有限，本书部分内容引用了相关研究的结果，介绍的不全面或参考文献遗漏偏差，恳请谅解。受青蒿区划研究现有数据限制，部分结果难免以偏概全，敬请相关专家多提宝贵意见；部分工作尚需深入研究，欢迎广大学者加入青蒿区划研究工作中。希望《中国青蒿区划》，能为从事中药资源相关工作的科研和管理人员、大中专院校师生，以及相关行政管理部门和生产企业等提供参考。

编　者

2020 年 8 月

目　　录

第一章

青蒿的文献研究

早在我国汉代就有青蒿入药的记载，宋至清时期更有关于青蒿道地药材相关的记载。屠呦呦研究员凭借青蒿素获得诺贝尔奖之后，"青蒿一握，以水二升渍，绞取汁，尽服之。"东晋葛洪所著《肘后备急方》中的这段话，就如同时尚的流行语，已经深入人心。黄璐琦院士认为，屠呦呦老师之所以能够研制出青蒿素，原因有二：一是屠呦呦老师坚持传承发展的理念，坚持用中医药的思维方式，遵循中医药发展规律来做研究；二是屠呦呦老师对中医药创新成果的研究，始终保持着文化的自觉、自信和自强。

本章主要对本草文献中与青蒿区划相关的内容进行归纳总结，明确青蒿的入药历史、原植物名称和分布、优质药材产区，青蒿药材的药用特征、与自然生态环境之间的关系、与社会人文环境之间的关系等情况，为青蒿区划做好准备工作。

通过本草文献研究，表明中药青蒿的基原植物为"*Artemisia annua* Linn."。为便于把中国古代和现代关于青蒿的基原植物名称和药材名称统一，青蒿药材用于截疟的功效与基原植物青蒿素对应，本书将中药青蒿基原植物"*A.annua* Linn."的中文名和药材名"青蒿"，统一均称作"青蒿"。古代关于青蒿的道地产地记载多在古代的荆州地区；现代关于青蒿的道地产地在重庆和两广地区。

第一节　青蒿的入药历史

青蒿入药始载于马王堆三号汉墓（约公元前 168 年）出土文物帛书《五十二病方》中的"牝痔方"，"取溺五斗，以煮青蒿大把二……"，主要用于治疗"痔疮"。

东汉《神农本草经》以草蒿为正名，以青蒿为别名，主要治疗"疥瘙、痂痒、恶疮、杀虱、治留热在骨节间"。

现存最早关于青蒿有截疟作用的文献是东晋《肘后备急方》，其卷三"治寒热诸疟方第十六"中有："青蒿一握，以水二升渍，绞取汁，尽服之"的记载。

宋代《太平圣惠方》中有青蒿散，主要用于"妇人骨蒸劳热，四肢烦疼，日渐羸瘦"，《圣济总录》卷一六八中"青蒿汤"，主要用于小儿潮热。

元代《丹溪心法》卷二中的"截疟青蒿丸"，主要用来治疗疟疾。

明代《普济方》中有"青蒿散""青蒿汤"等的记载。《本草纲目》中，青蒿用于治疗"疟疾寒热"。

清代《温病条辨》《本草备要》也都有青蒿截疟的记载[1,2]。宋元明清各医籍本草均有青蒿汤、截疟青蒿丸、青蒿散等治疟记载，民间则常取青蒿叶的鲜汁治疗疟疾[3]，具体如江苏高邮市青蒿煎 3 分钟治疗 132 例疟疾患者有效。

《清宫医案》整理了我国现存的清代宫廷医药档案资料约 4 万件，为清代帝王、后妃和王公大臣诊治疾病的原始记录。太医在给慈禧、光绪、阿哥、福晋、嫔妃和宫女等治病的时候，用到过青蒿的方子中，主要用于滋阴化湿代茶饮、治疗阴虚生热等方面。

1972 年，中国中医科学院中药研究所屠呦呦研究员等，从中药青蒿中分离提取出抗疟成分青蒿素后，青蒿素在临床上广泛应用，并成为世界范围内抗疟的首选药物。

2015 年版《中华人民共和国药典》关于青蒿的功能与主治为："清虚热，除骨蒸，解暑热，截疟，退黄。用于温邪伤阴，夜热早凉，阴虚发热，骨蒸劳热，暑邪发热，疟疾寒热，湿热黄疸。"[4]

可见，唐朝以前，青蒿虽有截疟的记载，但青蒿入药主要用于治暑热、外治疥疮等。宋元明时期，青蒿进入了治疗急性热病的领域，也有了关于"治疟疾寒热"的功效和使用记载，并皆以青蒿复方配伍治疗。清代以来，随着温病学的发展，青蒿为温热病学家普遍重视，并作为道地药材广泛应用。现代研究结果表明青蒿有截疟等许多功效和用途，由于青蒿素的发现，青蒿主要用于提取青蒿素治疗疟疾。

第二节　青蒿的基原考证

关于"青蒿"不同时期、不同地区、不同本草文献中有不同的称谓。

一、基原植物名称

《诗经·小雅·鹿鸣》曰："呦呦鹿鸣，食野之蒿。"《诗经》朱熹注曰："蒿也，即青蒿也。"

《尔雅》云："蒿，菣。"《说文》云："菣，香蒿也。"三国陆玑云："蒿，青蒿也。荆豫之间，汝南、汝阴皆云菣也。"

宋代沈括和寇宗奭根据青蒿的气味、色泽及可食与否，将青蒿分为两类：气芳香、色深青、可食用的是 *A. apiacea*；气略臭、色偏黄、味苦难食者则为 *A. annua*[5]。李时珍在《本草纲目》中关于青蒿的记载"采以酱黄酒曲者是也……"[2]。

现代科学证实，蒿属植物中只有 *A. annua* L. 中含有具有抗疟成分的青蒿素[6]，根据《齐民要术》和《天工开物》关于用青蒿制作"酒曲"的记载，及现代民间使用 *A. annua* L. 制作神曲的事实[5]，可以推断 1700 多年前葛洪《肘后备急方》所记治疗疟疾的青蒿应该来源于 *A. annua* L.。

屠呦呦等研究结果显示[7]：中药青蒿的基原植物为菊科蒿属 *A. annua* Linn.。部分研究结果简述如下：

1753 年，林奈（Linnaeus）首定"*A. annua* L."。1852 年 Hance 等首定"*A.apiacea* Hance"。当时均未与中文名有任何关联。

1856 年，日本人饭沼慾斋撰《草木图说》，首次将青蒿植物学名定为 *A. apiacea* Hance，将黄花蒿植物学名定为 *A. annua* L.。1884～1915 年日本松村任三编《改正增补植物名汇》时予以引用。此后，牧野富太郎《植物图鉴》，Stuart 的 Chinese Materia Medica（Vegetable Kingdom）等相继引用。1918 年孔庆莱编著《植物学大辞典》也沿用。

1933 年，日本人白井光太郎等编著的《头注国译本草纲目》将李时珍《本草纲目》的中药逐一加注植物学名，定"青蒿"植物学名为 *A. apiacea* Hance，而将"黄花蒿"植物学名定为 *A.annua* L.。李时珍《本草纲目》的青蒿条记载："青蒿二月生苗……七八月开细黄花……"，主治"疟疾寒热"；同时在青蒿条目下增加了黄花蒿，主治"小儿风寒惊热"。现代研究表明仅 *A.annua* L. 中含有具有截疟作用的青蒿素，李时珍《本草纲目》中"青蒿"的原植物应该为 *A.annua* L.，"黄花蒿"的基原植物有待研究。

1936 年，赵燏黄编著的《祁州药志》，"青蒿……其基原植物为 *A. annua* L."。

1985 年版《中华人民共和国药典》开始，规定中药青蒿来源于菊科蒿属植物黄花蒿（*A. annua* L.）。

1988 年出版的《中药志》记载中药青蒿来源于菊科蒿属植物青蒿（*A. annua* L.）。

二、青蒿药材别名

《中国植物志》[8] 记载 *A.annua* L. 的别名有：内蒙古一带称之为臭黄蒿，山西地区称为苘蒿，江苏的人们称之为黄香蒿、野苘蒿，而在上海人们称它为秋蒿、香苦草、野苦草，江西称为鸡虱草，广东、海南岛一带称之为假香菜、香丝草、酒饼草，四川、云南称为苦蒿，俗称"黄蒿"，蒙语名叫"沙拉翁""莫林一沙里尔日"，蒙药名为"好尼一沙里勒吉"，维吾尔语名叫"康帕"，藏语名叫"克朗"。黄花蒿（《本草纲目》），草蒿（《神农本草经》），青蒿（《神农本草经》），臭蒿（《日华子本草》），犾蒿（《蜀本草》）。

综上，为便于把中国古代和现代关于青蒿的基原植物名称和药材名称统一，青蒿药材具有截疟功效的与基原植物青蒿对应，本书将中药青蒿基原植物"*A.annua* L."的中文名和药材名"青蒿"，均统一称作"青蒿"。

第三节 青蒿的分布区域

一、青蒿的分布区域

关于青蒿的产地，本草多记载处处有之。最早有关青蒿分布的记载是汉朝时期的荆州，即今天的湖南、湖北，贵州、广西和广东的部分地区。

马继兴等编制的《马王堆古医书考释》[9]中，关于《五十二病方》中"牝痔方"所用青蒿，记载："青蒿者，荆名曰萩。"《神农本草经》记载："生川泽"；陶弘景的《本草经集注》记载："处处有之，即今之青蒿"；《本草蒙筌》记载："山谷川泽、随处有生"；本草中有产地记载的，多分布在陕西一带，具体如《名医别录》记载："生华阴。"沈括的《梦溪笔谈》记载："陕西绥银之间有青蒿……恐古人所用，以此为胜"。

宋代《本草图经》记载："生华阴川泽，今处处有之"；北宋《本草衍义》记载："草蒿今青蒿也，处处有之，陕西绥、银之间有青蒿（陕西省榆林市绥德县周边，宁夏银川周边）。

民国时期的《药物出产辨》记载："各属均有出，以英德（今广东）为多。"[1]

《中国中药资源志要》记载 A. annua L. 生于海拔 450 ～ 3700m 的荒坡、草地、河岸等，各省均有分布[10]。根据《中国植物志》的记载，A. annua L. 为广布种，遍布全国各地，青藏高原 3650m 以下的区域；广泛分布于亚洲、欧洲的寒温带、温带、亚热带地区，欧洲的中部、东部、南部，在地中海和非洲北部也有分布[8]。

可见，从古至今青蒿的分布范围均较广。

二、青蒿的道地产区

多数本草记载青蒿处处有之。古代关于青蒿的道地产地记载多在古代的荆州地区；现代关于青蒿的道地产地在重庆和两广地区。

明代《本草品汇精要》记载："道地汝阴、荆、豫、楚州。"[11]清宫用药取材范围广泛，多使用道地药材，清宫应用各地进宫药材出处档案记载"青蒿出荆州"[12]。上述记载青蒿多用于治疗暑热、截疟等，从治疗暑热、截疟方面来看，青蒿的道地产区应在历史上的荆州（今湖北及其周边地区）。

现代青蒿的药用价值突出表现在提取青蒿素用于治疗疟疾方面，药材质量的优劣也以青蒿素含量的高低为唯一评价标准。基于临床抗疟对青蒿素含量较高的需求，由于两广地区青蒿素含量较高，谢宗万建议青蒿道地药材取名为广青蒿。由于青蒿通过人工种植青蒿素含量有所增加，为提高青蒿素供给量，重庆地区大面积种植青蒿，而且青蒿素含量较高，胡世林在编著《中国道地药材》时将青蒿的道地产区定在重庆的酉阳。张小波等研究发现，我国各地所产青蒿中青蒿素含量差异较大，青蒿素含量纬向变化明显，北部高纬度地区青蒿中青蒿素含量较低，南部低纬度地区青蒿中青蒿素含量较高；经向方向中部地区青蒿中青蒿素含量较高；其中，北纬 34 度以南，东经（100 ～ 120°E）之间地区青蒿中青蒿素含量相对较高[13]。广西西北部，四川、贵州、云南东部，重庆南部，湖南西部的气候条件下青蒿的青蒿素含量较高，可以超过 0.5%[14]。

在前期文献资料研究的基础上，应用 ArcGIS 对不同时期青蒿主产地和道地产区分布情况，进行对比分析，结果如图 1-1 所示。

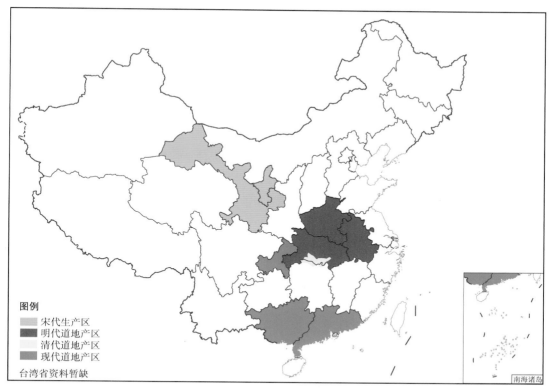

图 1-1 青蒿道地药材的主产区和道地产区变迁

由图 1-1 可以看出,历史上关于青蒿药材道地产区的记载主要在中国的中部和南部地区。

第四节 青蒿的遗传特征

早在 20 世纪 80 年代,中国中医科学院中药研究所就已经开展了青蒿的品种选育工作,并选育出了青蒿素含量达 1.5 % 的新品种——"京厦 I 号",陈和荣在 1986 ~ 1989 年期间,分别在北京、重庆酉阳和厦门三个地方进行了试种[15]。

陈大霞等人利用 SRAP 分子标记技术对 60 份不同产地青蒿样品的遗传多样性进行了分析,结果显示:我国野生青蒿遗传多样性较为丰富,为青蒿品种选育提供了丰富的物质基础[16]。

吴叶宽等对西南地区野生青蒿群落种间联结性分析,结果显示西南地区野生青蒿群落处于相对稳定状态,抗干扰能力较强,群落结构发育基本完全,种间关系稳定[17]。

姜丹等[18]的研究表明,甘肃省兰州市是青蒿的起源中心,也是遗传多样化中心,推测青蒿在第四纪冰期的避难所可能是甘肃省兰州市附近。之后进行了快速扩张,形成了分布全国各地的广布单倍型,但在其他部分地区也进化形成了特有单倍型;建议应该对甘肃兰州居群进行资源保护,并对特有单倍型和普通单倍型进行全面收集,构建核心种质库。

根据《全国中草药汇编》(第三版)的记载,黄花蒿为 1 年生草本植物[19],现阶段的调查研究发现，武陵山区主峰梵净山地区有多年生青蒿植物群落分布[20]。

第五节　青蒿的生长环境

在东南部的青蒿大多生长在荒地、路旁、林缘、山坡等地；在干河谷、半荒漠、草原、森林草原及砾质坡地等处，以及盐渍化的土壤上也有分布，在部分地区形成了优势种植物群落或主要的伴生种群。

一、与气候之间的关系

过高的温度不利于青蒿中抗疟成分青蒿素的合成和积累：郭晨等[21]的研究结果显示，"30 ℃气温促进青蒿素的合成，温度在 35 ℃时青蒿中青蒿素含量急剧下降"。Wallaart 等[22]发现经过夜霜季节后，伴随着双氢青蒿酸的下降青蒿素量升高。杨瑞仪等[23]推测低温胁迫可诱导青蒿素合成相关基因表达而促进青蒿素合成，霜冻可能作为一种压力条件启动了双氢青蒿酸向青蒿素的转化。

钟凤林等[24]的研究表明晴天中午 12 时至 16 时青蒿素含量处于最高状态，说明光照强度和日照时数均能影响青蒿素的合成和积累。广西地区采收期内日照时数较少，有利于青蒿中青蒿素的合成和积累。张龙等[25]对青蒿进行短日照处理结果："现蕾前期随着短日照处理天数的增加，青蒿素含量快速提高。"刘春朝等[26]的研究表明提高光照强度有利于青蒿素的合成。

李典鹏等[27]的调查结果表明："日照充足，干燥地带的青蒿素含量高，阴暗、潮湿地带的含量低"；韦霄等[28]的研究结果表明："青蒿在幼苗较小并处于生长初期时，青蒿对供水相对要求较严，在此期间需确保充分供水并注意排涝。"

《青蒿种植和采收质量管理规范》中记载："青蒿的最佳生长环境位于热带湿润季风气候区，值青蒿生长期时，这里的平均气温为 17.6 ～ 28.4℃。"

以 *Artemisia annua* 为检索词，通过 Ecocrop 数据库，查询得到青蒿适宜生长的生态适宜性指标及其范围。其中：最适宜的气候条件为：温度 13 ～ 29℃、降雨量 600 ～ 1300mm；适宜的气候条件为：温度 10 ～ 35℃、降雨量 300 ～ 1500mm；适宜的海拔为 0 ～ 3600m；气候类型为热带干湿气候、亚热带湿润气候、温带大陆性气候。

二、与地形之间的关系

青蒿的最佳生长海拔高度因区域而异，在我国青蒿主要分布于 400m 以下的地区[29]，在越南为 50 ～ 500m，在坦桑尼亚和肯尼亚则为 1000 ～ 1500m[30]。分布于陡峭山坡上的青蒿其青蒿素含量最高[31]，青蒿素含量明显高于生长在平地的[32]。

三、与土壤之间的关系

张小波等[33]对广西地区不同土壤类型条件下，青蒿的生物量进行分析，结果显示：受土壤类型的影响，生长在红壤土上的青蒿，青蒿的生物量与生长在石灰土和冲积土上的差异性最显著，说明土壤类型的差异对青蒿生物量的影响较大。

可见，日照、温度、降水等气候因子，海拔等地形因子对青蒿的分布和青蒿素含量高低具有一定的影响。

第六节　青蒿的人工生产

一、青蒿的引种栽培

青蒿人工种植可以提高青蒿素的含量，但青蒿素含量受地域环境的影响比较大，同一种质在不同的省份栽培种植后其青蒿素含量有较大差异。

马进等[34]在湖北省恩施自治州对青蒿新品种选育及其系统选育进行研究，结果显示通过系统选育的株系群体的青蒿素平均含量提高1倍。张荣沐等[35]在黑龙江的哈尔滨和五常，引种云南、湖南、重庆、广西的青蒿，结果显示种植在五常的青蒿素含量普遍高于哈尔滨的。韦树根等[36]在广西南宁和靖西，引种重庆、广西、广东、湖南、江苏、陕西等的青蒿，结果显示种植在靖西的青蒿素含量普遍高于南宁的。

从遗传角度，野生青蒿具有丰富的遗传多样性[37-39]，ISSR标记能有效地揭示野生青蒿的遗传多样性。李承卓等[40]采用ISSR分子标记技术，对广西、河南、湖南、广东和浙江青蒿野生种群及其子代的遗传多样性水平进行比较，结果显示野生青蒿具有较高的遗传多样性，遗传变异82.51%发生在种群内的不同个体间，引种栽培后子代种群的遗传多样性低于亲代。韦树根等[36]通过对广西引种重庆、广西、广东、湖南、江苏和陕西青蒿的研究，发现青蒿的遗传变异比较大，引种后第2年的青蒿中青蒿素含量有下降趋势。陈大霞等[41]通过对我国和英国所产青蒿不同品种（品系）群体之间的遗传多样性研究，结果显示我国青蒿品种的遗传变异基础大于英国的，但品系的遗传一致度仍需进一步纯化。

二、青蒿的采收加工

在李时珍编著的《本草纲目》中记载青蒿4、5月份采集。生捣汁服、并贴之，治疗心痛热黄；烧灰隔纸淋汁、和石灰煎，治疗恶疮。

屠呦呦等[42]研究结果显示，青蒿生长初期（春末、夏初）植株体内青蒿酸含量较高，生长期（夏末、秋初）青蒿酸逐渐减少，青蒿素逐渐增加，因而青蒿幼株无抗疟作用，建议青蒿的采收期在秋季。

徐定华等[43]对重庆、湖南、广西和贵州等地不同生长期青蒿中青蒿酸含量消长变化分析，结果显示青蒿酸在植物中含量与其生长季节密切相关。张晓蓉等[44]对湖南省青蒿的研究表明，4～9月期间青蒿中的青蒿酸含量随着生长时间的增长而增加。

朱卫平等[45]研究结果显示，青蒿不同发育期青蒿素含量的动态变化规律为，盛蕾期＞花芽分化期＞开花期＞营养生长后期。

陈迪钊等[46]研究认为，在青蒿的整个生长发育过程中，从营养生长末期到花蕾期，青蒿素含量有递增趋势，开花后青蒿素含量明显下降。

文献记载花蕾前期和花期（7、8月）是青蒿中青蒿素合成最快、积累最多，含量最高的时期[30]。《中华人民共和国药典》中规定青蒿在秋季、花盛开时采。

受各地物候期的影响，青蒿在各省（区、市）的具体采收时间不同。如何明军等[47]研究认为，海南青蒿最佳采收期为8月中旬；张荣沭等[35]研究认为，黑龙江青蒿直到10月份植株才进入花芽分化期，此时青蒿素含量最高，最佳采收时间为10月份。

三、青蒿的药材保存

青蒿采集后需要及时处理，青蒿素含量会随着存放时间的增长而逐渐减少。冯世鑫等[48]对广西青蒿研究结果显示，采收后整株立式阴晾4～5天后，再晒干的方法能提高青蒿叶片中青蒿素含量；40℃的干燥温度能使叶片中青蒿素含量损耗较少，青蒿叶片的保质贮藏时间约90天。

郑志福等[49]对福建永春青蒿研究结果显示，青蒿干叶中青蒿素含量随储存时间增加而逐渐降解，青蒿放置半年植物中青蒿素含量降解30%。

《中华人民共和国药典》关于青蒿的贮藏方法为置阴凉干燥处[4]。

第七节　青蒿的应用研究

青蒿性寒、味苦，用于暑邪发热、阴虚发热、夜热早凉、骨蒸劳热、疟疾寒热等。现代研究表明青蒿还有免疫抑制和细胞免疫促进等作用，青蒿素及其衍生物的药理作用还表现在抗肿瘤、抗寄生虫、抗纤维化、抗心律失常、免疫等多方面[50-51]。

赵宇平等[52]借助文本挖掘技术，以PubMed文献数据库（http：// www.ncbi.nlm.nih.gov/PubMed/）为数据源，采用"精确匹配"方式，以"Artemisinin"为关键词进行检索。收集文献732篇（检索日期2016.05.15），结合原文献回溯、人工阅读分析等方法，对PubMed文献数据库中现有关于青蒿的文献进行挖掘，分析青蒿的临床应用规律。

一、青蒿的临床研究

（一）青蒿作用的疾病

利用数据挖掘得到相关疾病162种，通过人工降噪，采用Cytoscape 3.2.1软件抽取不同频次的关键词组，进行可视化处理，抽取出频次排名前5的代表性疾病类型绘制频数图，结果如图 1-2。通过图 1-2 可以看出，文本挖掘到现代研究中与青蒿相关的主要疾病为疟疾（50）、脑型疟疾（7）、恶性疟疾（4）、内脏利什曼病（2）、系统性红斑狼疮（1）。

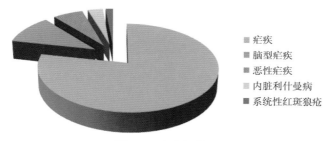

图 1-2　疾病频数图

（二）青蒿作用的主要器官

文本挖掘共提取到青蒿作用的主要器官有 5 项，见表 1-1。从表 1-1 中可以看出，青蒿作用的主要器官为肝、皮肤、气管、肺、脾。

肝脏是人体最大的实质性器官，承担人体的各类重要代谢功能。青蒿素口服吸收迅速，但是吸收不完全，首过效应（作用）较强，生物半衰期为 2 ～ 3 h，主要代谢部位在肝脏，与中药性味归经中青蒿归肝肾经相关。青蒿在传统用药中具有清热解暑功效，临床上还用于急慢性支气管炎，呼吸道感染，神经性皮炎和皮肤真菌感染等多种疾病的治疗，这可能与青蒿中的挥发性成分具有相关性[53]。

表 1-1　青蒿作用的主要器官在论文中出现的频数表

No.	器官名称	频数
1	肝	96
2	皮肤	37
3	气管	31
4	肺	14
5	脾	13

（三）青蒿作用的组织细胞

通过文本挖掘，共提取到青蒿作用的组织细胞有 10 项，结果如表 1-2。从表 1-2 中可以看出，巨噬细胞、T 淋巴细胞、毛细血管、上皮细胞为青蒿主要作用的组织细胞，其中青蒿对疟疾的作用主要是激活巨噬细胞，产生一系列治疗作用，进而影响到多器官。青蒿中的青蒿素、蒿甲醚具有促进脾抑制性 T 细胞增殖功能，巨噬细胞对控制红内期感染发挥重要免疫保护作用[54-55]。

现代应用中，青蒿主要治疗疾病为疟疾，疟疾的主要临床表现有不规律发热，伴脾、肝大及贫血等。而疟疾发作是由红内期疟原虫裂殖体增殖破坏红细胞所致，裂殖子、原虫代谢产物、红细胞碎片散入血流，刺激巨噬细胞产生内源性热原质，与原虫代谢产物一起作用于体温调节中枢，通过神经系统调节引起冷、发热、出汗的症状。因此青蒿作用的主要器官是肝脏，主要组织细胞是巨噬细胞。

表 1-2   青蒿作用的组织细胞在论文中出现的频数表

No.	组织细胞	频数	No.	组织细胞	频数
1	巨噬细胞	11	6	腺体	2
2	T 淋巴细胞	8	7	脂肪组织	2
3	毛细血管	3	8	肌肉	2
4	上皮细胞	3	9	胃黏膜	1
5	胸腺	2	10	嗜中性粒细胞	1

（四）青蒿作用的蛋白及通路

通过文本挖掘，共提取到相关靶点蛋白信息 59 项，其中出现频数最高的前 10 项见图 1-3。其中 CYP450 出现频次最高，结合蛋白靶点信息进行聚类分析，针对 KEGG 通路数据库，发现青蒿主要作用通路为乙肝通路，二者具有较强的关联性。

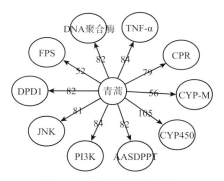

图 1-3   主要基因蛋白靶点

青蒿对乙肝通路的部分调控即说明其对 MAPK 等通路有相应的调控作用。乙肝通路涉及 MAPK 通路、NF-κB 通路等，联合调控乙肝的疾病发生发展过程，JNK 等蛋白均在乙肝通路中发挥作用[56-57]。青蒿的糖酵解途径在无氧及有氧条件下都能进行，是葡萄糖进行有氧或者无氧分解的共同代谢途径。糖酵解途径（glycolytic pathway）又称 EMP 途径，是将葡萄糖和糖原降解为丙酮酸并伴随着 ATP 生成的一系列反应，是一切生物有机体中普遍存在的葡萄糖降解的途径。在需氧生物中，酵解途径是葡萄糖氧化成二氧化碳和水的前奏。酵解生成的丙酮酸可进入线粒体，通过三羧酸循环及电子传递链彻底氧化成二氧化碳和水，并生成 ATP。在氧气供应不足（如剧烈收缩的肌肉）的情况下，丙酮酸不能进一步氧化，便还原成乳酸，这个途径为无氧酵解。在某些厌氧生物如酵母体内，丙酮酸转变成乙醇，这个途径叫作生醇发酵。

目前青蒿除了用于抗疟，也用于抗肿瘤药物的开发，青蒿抗肿瘤的作用是通过调控 P53 通路（图 1-4）。P53 是一个肿瘤抑制蛋白，调节各种各样基因的表达，包括细胞凋亡、生长抑制，抑制细胞周期进程，分化和加速 DNA 修复，基因毒性和细胞应激后的衰老。P53 是 N 端激活域、DNA 中央特定结合域和 C- 端四聚体化域的组成部分，而且其调控域富含碱性氨基酸。P53 半衰期很短，在 26S 蛋白酶体作用下，通过持续的泛素化和后期降解，P53 在无刺激的哺乳类动物细胞中维持较低的含量[58]。

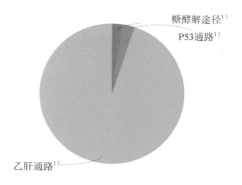

图 1-4　青蒿主要作用通路饼形图（[1] $P < 0.01$）

对倍半萜类成分青蒿琥酯和香豆素类成分东莨菪内酯进行相关作用靶点关联（见图 1-5），发现二者的共同靶点有 TNF-α，IL-1β，CASP3 和 VEGF，说明二者在抗肿瘤、免疫调节等方面具有协调作用。其中，肿瘤坏死因子是一种主要由巨噬细胞和单核细胞产生的促炎细胞因子，并参与正常炎症反应和免疫反应。巨噬细胞是参与固有免疫应答的主要细胞，固有免疫对启动适应性免疫应答尤其是 CD4[+] 细胞和抗体应答是必需的 [59]。TNF-α 肿瘤坏死因子在许多病理状态下产生增多，包括败血症、恶性肿瘤、心脏衰竭和慢性炎性疾病。在重症类风湿关节炎患者的血液及关节中都可发现肿瘤坏死因子增多。

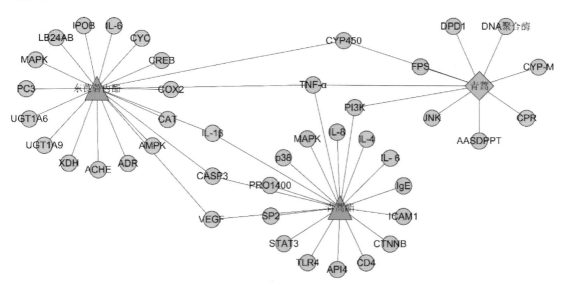

图 1-5　青蒿与其主要成分作用靶点关系图

二、青蒿的化学成分研究

赵宇平等 [52] 采用文本数据挖掘方法，发现青蒿中的主要成分包括倍半萜类、黄酮类、香豆素类和挥发油类等，见图 1-6。其相关联的主要成分与其在文献数据源中的出现频次有关，具体如倍半萜类中的青蒿素、青蒿酸有抗疟作用；黄酮类中的槲皮素、艾纳香素具有抗炎作用；香豆素类中的七叶内酯等具有解热抗炎作用；青蒿挥发油中的烯类是其重要的抗菌成分。

（一）倍半萜类

从青蒿中共分离得到近 40 种倍半萜类成分[60]，主要为青蒿素类化合物，包括青蒿酸、青蒿醇、青蒿醚类和青蒿酯类[61]。

青蒿酸是青蒿植物中倍半萜类主要成分之一，也是青蒿素合成的重要前体。屠呦呦等研究表明，青蒿幼株含大量青蒿酸，而青蒿素含量较低，推测青蒿素等倍半萜类化合物系由青蒿酸转化而来[42]。Levesque F 等研究者采用合成生物学方法利用基因工程酵母成功生产青蒿酸，并合成得到了青蒿素[62]。

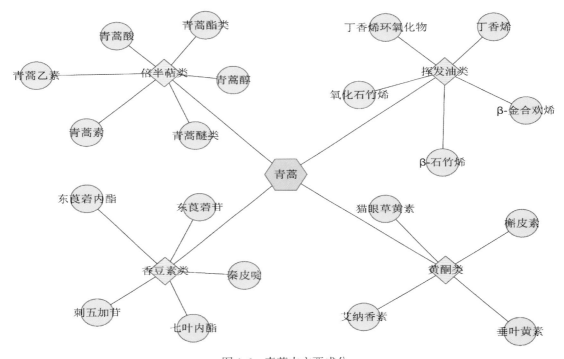

图 1-6   青蒿中主要成分

青蒿素是一种含有内过氧桥结构的新型倍半萜内酯，研究资料表明：青蒿酸和青蒿乙素在原植物中均可转化为青蒿素[63-65]。1996 年 Brown G D[66] 提出了由青蒿乙素和青蒿酸通过二羟基杜松胶酯和 4，5 开环杜松烷的醇烯互变体生物合成青蒿素的机理，认为青蒿素和青蒿乙素均来源于青蒿酸[42][67]。付彦辉等总结了青蒿素的生物合成路线，其中全合成路线有 9 条、半合成路线有 5 条。通过全合成方法来合成青蒿素路线较长，成本高、总收率较低，全合成的原料主要是廉价易得的香茅醛、柠檬烯、薄荷酮、β- 蒎烯、异胡薄荷醇等。半合成路线，通过代谢工程制备青蒿素的前体，具体如紫穗槐 -4,11- 二烯、青蒿酸和二氢青蒿酸[68] 等，然后通过半合成的方法合成青蒿素[69]，总收率可达 60%[70]。青蒿素生物合成相关基因，包括紫穗槐 -4,11- 二烯氧化酶基因、细胞色素 P450 氧化还原酶基因、青蒿醛双键还原酶和醛脱氢酶基因等。

（二）香豆素类

青蒿中的香豆素类化合物，主要有：七叶内酯、刺五加苷、秦皮啶、东莨菪内酯、东莨菪苷等。东莨菪内酯相对青蒿素等具有较强的水溶性和稳定性，又具有反映青蒿功效的药理活性，有研究表明东莨菪内酯具有一定的抗疟效果，与青蒿素具有一定的协同作用。

（三）黄酮类

青蒿中含有的黄酮类化合物甲氧基化程度很高，国内外研究者从青蒿中共分离得到垂叶黄素、艾纳香素、槲皮素、猫眼草黄素等40余种黄酮类化合物[71-75]。Bilia 等的研究显示，青蒿中的某些黄酮类化合物可促进青蒿素与血晶素的反应，增强青蒿素的抗疟性[76]，且甲氧基黄酮类对青蒿的抗疟活性具有促进作用。

（四）挥发油类

受产地和采收条件等影响青蒿中挥发油的成分差异较大。李瑞珍等[77]从湖南雪峰山地区野生青蒿种子中提取出丁香烯环氧化物、丁香烯等39个成分。赵进等[78]从重庆酉阳、四川泸州、安徽铜陵和山东临沂的青蒿中提取出樟脑、β- 石竹烯、氧化石竹烯、β- 金合欢烯、挥发油等40多个成分。张书锋等[79]通过对石家庄野生青蒿挥发油的化学成分分析，共鉴定出13种挥发油成分。

（五）其他

生物碱：主要为玉米素；单萜类成分：茴香酮等；甾体类：β- 谷甾醇、豆甾醇等[80]。

三、青蒿素的临床应用研究

（一）青蒿素作用的靶点

借助文本挖掘技术，结合原文献回溯、人工阅读分析等方法，对 PubMed 文献数据库中关于青蒿的文献进行挖掘分析[52]，明确青蒿的临床应用和主要作用靶点等情况。结果显示：与青蒿相关疾病有 160 多种，主要为疟疾，其中：疟疾 50 篇、脑型疟疾 7 篇、恶性疟疾 4 篇、内脏利什曼病 2 篇。青蒿作用的组织细胞有 10 种，其中巨噬细胞、T 淋巴细胞、毛细血管、上皮细胞为青蒿主要作用组织细胞。青蒿在临床上还用于急慢性支气管炎，呼吸道感染，神经性皮炎和皮肤真菌等多种疾病的治疗。

根据《中华人民共和国药典》（2020 版）载：青蒿的归经为"肝经、胆经"，通过文本挖掘青蒿作用的主要器官有肝、皮肤、气管、肺、脾等。文本挖掘结果印证了中医理论对青蒿归肝经的说法。没有关于"青蒿"和"胆"的相关文献，但在功效中有关于退黄的内容。

青蒿中相关化学成分的作用靶点。2015 年英国 *Nature communications* 发表的一篇研究中，表明青蒿素作用的蛋白有 124 种[81]。文本挖掘发现：青蒿中青蒿素的抗疟相关蛋白有 19 个：TNF-α、PI3K、IL-8、IL-6、VEGF、IL-1β、MAPK、CD4、SP2、CTNNB、CASP3、PRO1400、IgE、IL-4、ICAM1、p38、STAT3、TLR4、API4。东莨菪内酯与抗疟相关蛋白有 20 个：IL-6、ACHE、PC3、IPOB、CYC、TNF-α、UGT1A9、CASP3、XDH、IL-1β、VEGF、CAT、CREB、AMPK、UGT1A6、ADR、MAPK、COX2、LB24AB、CYP450。东莨菪内酯和青蒿素有 TNF-α、IL-6、VEGF、IL-1β、MAPK 和 CASP3 共 6 个共同的作用靶点，这 6 个共同作用靶点中 IL-6 为东莨菪内酯和青蒿素对疟疾的共同作用靶点，结果如图 1-7 所示。

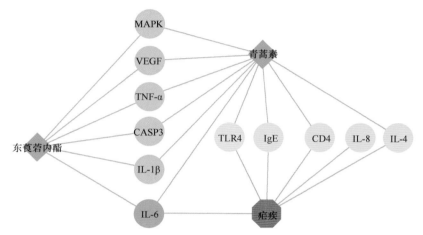

图 1-7   东莨菪内酯和青蒿素对疟疾的共同作用靶点

（二）青蒿素类单方药物应用

青蒿素类单方药物主要有二氢青蒿素、蒿甲醚和青蒿琥酯等衍生物[82]，青蒿素衍生物保留了青蒿素原有的过氧桥结构，但稳定性更好，杀灭疟原虫的作用更强，对具有耐药性的疟原虫也有很好的治疗作用[83]。青蒿素及其衍生物作为高效速效的抗疟药，被大量、广泛、连续应用于临床，但由于用药不规范，青蒿素类药物有效血药浓度的时间较短、杀灭疟原虫不彻底，会造成较高的复燃率。复燃是疟原虫对青蒿素及其衍生物产生的耐药性，是在药物压力下相应基因表达发生了改变，从而引起作用靶点蛋白表达量改变的结果[84]。较高的复燃率可能会促进疟原虫产生抗药性[85]，大大限制抗疟药物的临床使用。长期处于较低药物压力下，循环往复，最终可引起青蒿素耐药性产生。虽然目前全球各地青蒿素功效仍能达 90% 以上，但是在大湄公河地区，包括柬埔寨、老挝、缅甸、泰国和越南等地区，恶性疟原虫已经出现对于青蒿素类药物的抗药性，一旦青蒿素治疗失效，许多国家将面临严峻挑战[86]。

（三）青蒿素与其他药物的联合使用

为保证青蒿素类药物在治疗疟疾方面的效果和延缓抗药性的产生，2001 年世界卫生组织推荐在耐药性恶性疟原虫流行区，采用以青蒿素类抗疟药物为基础的联合治疗，不能再使用单方[87]。WHO 在 2006 年发出通知，要求停止生产、销售单一青蒿素制剂或使用青蒿素单一疗法治疗疟疾。联合用药治疗的研究方案较多，其中青蒿素衍生物与其他抗疟药配伍使用主要有，青蒿素和伯氨喹、蒿甲醚和本芴醇、蒿甲醚和伯氨喹、青蒿琥酯和伯氨喹、青蒿琥酯和阿莫地喹、双氢青蒿素和磷酸咯萘啶、双氢青蒿素和磷酸哌喹等。进入国际药典的青蒿素类复方药物有：复方萘酚喹片、双氢青蒿素哌喹片和复方蒿甲醚等[88]。复方萘酚喹片，兼备了青蒿素的速效和萘酚喹治愈率高的特点，并且显著降低了用药剂量。复方蒿甲醚是蒿甲醚和本芴醇组成的复方片剂，具有协同抗疟作用，治愈率高、可缩短疗程，减少两药使用剂量。

青蒿素类药物与其他抗疟药物的伍用，均有特定的比例关系。Na Bang chang 等对比了双氢青蒿素和甲氟喹联合 4 种剂量方案的药代动力学研究。王京燕等采用磷酸萘酚喹与青蒿素按 1∶2.5 配伍对猴疟原虫的功效学研究，结果显示：可降低伍用单药剂量，缩短疗程，提高治愈率[89]。王京燕等对磷酸萘酚喹与青蒿素伍用增效和延缓疟原虫抗药性研究，结果显示：磷酸萘酚喹和青蒿素最适配比为 1∶50[90]。车立刚等采用本芴醇与双氢青蒿素按 5∶1、本芴醇与青蒿琥酯 4∶1，进行本芴醇与青蒿素衍生物伍用抑制恶性疟原虫孢子增殖研究，结果显示：本芴醇与青蒿素衍生物伍用，能明显提高抑制孢子增殖的作用[91]。王金华等通过对小柴胡汤及其与青蒿素按 50∶8 配伍，进行疟疾小鼠体液免疫的影响研究，结果显示：小柴胡汤单独使用，可显著改善上述免疫功能及有关症状，当小柴胡汤与抗疟药青蒿素合并用药后，作用则会大大加强[92]。

（四）青蒿素与其他化学成分配伍使用

针对中药有效组分复杂、尚没有对中药组分配伍进行研究的经验，也没有现成方法可供借鉴的现状，张伯礼和王永炎 2 位院士[93]，通过对复方组分配比的优化方法进行研究，于 2005 年提出了中药组分配伍优化筛选模式。组分配伍的提出为中医方剂配伍理论做出了科学诠释，发展了传统中医药理论，是开展中药现代研究的重要途径，为新药研发拓展了新的领域。杨金果等[94]归纳中药有效组分配伍的基本方法包括：单味药标准组分配伍、中药复方有效组分配伍、构成复方的有效组分配伍、针对病理环节的有效组分配伍等类型。设计方法有基线等比增减、药对协同效应、正交、均匀、极性分段筛选、因果关系发现、ED-NM-MO 三联法等方法。将中药配伍筛选转为有效组分配伍，利用有效组分配伍阐明中药整合作用，已成为进行新药研发等方面普遍采用的研究模式[95]。有效成分组分配伍研究中以单味功效指标进行最佳配伍剂量、配伍关系的研究为主[96]。鉴于中药自身属性，一味中药即一个复方，其中不同组分作用于机体的靶点不相同，如将单味药中的组分进行不同调整，产生的效应亦应不同。

针对青蒿素及其衍生物在部分地区出现耐药性的问题，进行青蒿单味药中青蒿素与其他组分配伍研究或将拓展出青蒿抗疟的新领域。随着组分配伍研究的兴起，有学者采用青蒿素与其他成分伍用的研究。如纪晓光等，采用鼠疟模型及 Peters 4 天抑制试验法，对青蒿素、青蒿酸、青蒿乙素、东莨菪内酯按 1∶1∶1∶1 配伍进行了功效评价研究，结果显示：3 种成分与青蒿素配伍后有一定的协同作用，提示传统中药青蒿对疟疾的功效是由以青蒿素为主的多组分共同作用的结果[97]。王满元等，利用荧光光谱法研究青蒿截疟组合物（青蒿素、青蒿乙素、青蒿酸与东莨菪内酯 1 : 1 : 1 : 1 混合体系）与牛血清白蛋白的相互作用，结果表明：与青蒿素单独作用相比组合物对牛血清白蛋白的荧光猝灭作用增强，并以静态猝灭为主[98]。

李兰芳等，分别对青蒿素、青蒿乙素、青蒿酸、东莨菪内酯、紫花牡荆素对大鼠的解热作用进行研究，结果表明青蒿乙素、青蒿酸和东莨菪内酯对大鼠体温升高具有明显的解热作用，说明青蒿的解热作用可能是其活性成分群整合作用的结果[93]。

　　基于文献资料研究，青蒿为广布种，广泛分布于世界各地。但事实上并非世界上每一个"角落"都有青蒿的分布。

　　本章主要通过文献调查、实地调查、查询相关数据库获取的青蒿分布数据资料，及与青蒿分布相关的生态环境数据。通过生态环境相似度和生态位模型等方法，分别以省域（广西）、中国和世界为研究区域，研究不同空间尺度下青蒿的空间分布规律。分析青蒿在现有气候条件和未来气候条件下的潜在分布区域，明确在自然生态环境条件下，青蒿的地理空间分布规律和空间差异性分布特征。

　　研究结果显示：在垂直方向上，青蒿分布于 3 500m 以下的区域。在水平方向上，青蒿广泛分布于亚热带和温带地区，除南极洲以外，其他六大洲均有适宜青蒿分布的生态环境条件区。用不同数据源、不同尺度和方法进行分布区划，得到的分布规律、主导生态因子和分布区划结果图存在一定的差异性。

第一节　青蒿分布区划相关数据收集整理

一、基于文献检索的青蒿分布数据信息

　　根据《中国植物志》记载，*A.annua* L. 遍及全国。东部省区分布在海拔 1 500m 以下地区，西北及西南省区分布在 2 000～3 000m 地区，西藏在 3 650m 也有分布；生境适应性强，东部、南部省区生长在路旁、荒地、山坡、林缘等处；其他省区还生长在草原、森林草原、干河谷、半荒漠及砾质坡地等，也见于盐渍化的土壤上，局部地区可成为植物群落的优势种或主要伴生种。广布于欧洲、亚洲的温带、寒温带及亚热带地区，在欧洲的中部、东部、南部及亚洲北部、中部、东部最多，向南延伸分布到地中海及非洲北部，亚洲南部、西南部各国；另外还从亚洲北部迁入北美洲、并广布于加拿大及美国。模式标本采自西伯利亚地区。

　　2011 年，课题组按照"文章已在核心期刊公开发表，具有经纬度或县域等位置信息"，兼顾有对应位置的青蒿素含量数据的原则，通过中国知网查阅文献；同时查询网络标本馆关于青蒿"标本实物"的位置信息。共获得 17 个省（区、市）140 个县 260 个青蒿采样点数据。

　　应用 ArcGIS 根据文献收集到的采样点经纬度，基于矢量的中国行政区划数据，生

成采样点分布图，结果如图 2-1 所示。由图 2-1 可以看出，全国一半以上的省份有相关研究工作者进行过实地调查、并采集青蒿样品进行分析研究，重庆、广西等地的采样点较多。

图 2-1　青蒿采样点分布图

二、基于实地调查的青蒿分布数据信息

（一）广西境内青蒿实地调查数据信息

课题组于 2006 年 9 月上旬，根据以往调查研究的经验和相关研究资料，分别在广西的西南、西北、东北、东南青蒿分布较多的区域，选取有代表性的样地，通过实地调查获取野生青蒿的分布数据信息。调查过程中用 GPS 测定采样点的经度、纬度和海拔高度等数据。应用 ArcGIS 根据收集到各采样点的经纬度，基于广西壮族自治区行政区划矢量数据，生成采样点分布图，结果如图 2-2 所示。

（二）中国范围青蒿实地调查数据信息

课题组于 2011 年 7 ～ 8 月，通过实地调查，收集 *A.annua* L. 分布数据信息。调查过程中用 GPS 测定采样点的经度、纬度和海拔高度等数据。应用 ArcGIS 根据收集到各采样点的经纬度，基于中国行政区划矢量数据，生成采样点分布图，结果如图 2-3 示。

由图 2-3 可以看出，在全国 19 个省（区、市）共调查了 250 个样地，除西藏、海南、福建和浙江等少部分省份没有数据外，中国 70% 以上的省份均有采样点。

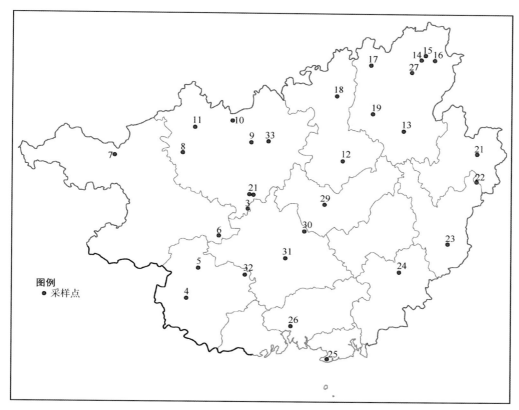

图 2-2 广西各地青蒿采样点分布图

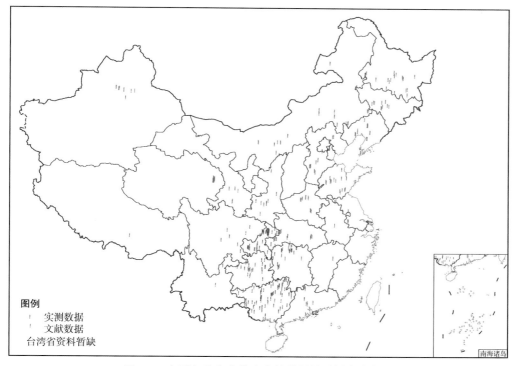

图 2-3 全国各地有青蒿素含量数据的采样点分布图

（三）中国范围有青蒿素含量的采样点分布数据

应用 ArcGIS 软件，根据查阅文献和实地调查收集到的青蒿采样点经纬度，基于中国行政区划矢量数据，生成有青蒿素含量数据的采样点分布图，结果如图 2-3 所示。

由图 2-3 可以看出，全国仅有少数省份没有青蒿采样点数据，大部省份均有采样点数据。对重庆、广西等地的研究较多，因此该区域的采样点也较多。

三、基于网络数据库的青蒿分布数据信息

（一）第四次全国中药资源普查数据库

为促进中药资源保护、开发和合理利用，国家中医药管理局组织实施了第四次全国中药资源普查。为充分发挥信息化工作在普查中引领创新的先导作用，由中国中医科学院中药资源中心牵头，针对普查工作中信息化相关工作需求，根据《全国中药资源普查技术规范》相关技术要求和业务需求，融合空间信息技术（3S 技术）、J2EE 和数据库等技术方法，基于 Oracle 数据库，C/S 和 B/S 架构等，设计研发了全国中药资源普查信息管理系统，进行国家、省级和县级 3 个层级中药资源种类、分布和数量等数据信息的汇交，服务普查前期准备、外业调查、内业整理和成果转化应用等各个环节的顺利实施。

基于第四次全国中药资源普查成果，形成的"中药资源云平台"，查询各地普查队汇总到全国中药资源普查信息管理系统中的青蒿分布信息，结果如图 2-4 所示。由图 2-4 可以看出，基于全国中药资源普查现有数据资料，除了港澳台暂无数据外，其他省（自治区、直辖市）均有关于青蒿分布的调查记录。

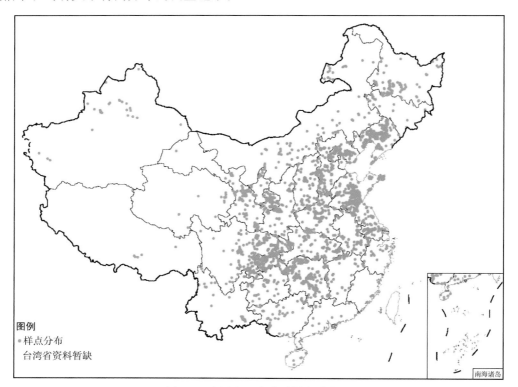

图 2-4　中国各地青蒿采样点分布图

（二）全球生物多样性数据库

全球生物多样性综合信息服务网（GBIF：Global Biodiversity Information Facility）成立于 2001 年，是政府间组织。该组织通过合作和种子基金等各种途径促进生物多样性原始数据的共享，将世界上现存的生物多样性数据集整合起来，形成一个面向全世界用户的关于全球生物多样性的综合性信息服务网络。截至 2019 年 GBIF 已拥有 13 亿条数据，可为用户提供海量生物多样性数据信息服务。GBIF 的国家成员和组织成员有 100 多个，是目前全球数据量最大和影响最大的生物多样性信息服务网络。

通过 GBIF 网站（http：//www.gbif.org/），查询各地相关研究中记录的青蒿分布点位信息。应用 ArcGIS 根据收集到各采样点的经纬度，基于世界各地的矢量行政区划数据，生成采样点分布图，结果如图 2-5 所示。由图 2-5 可以看出，现有数据资料中青蒿主要分布在北半球各个国家，其中欧洲、中国、美国等共享出来的青蒿调查数据较多。

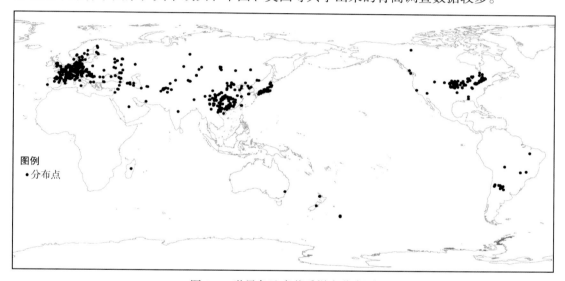

图 2-5　世界各地青蒿采样点分布图

四、生态环境数据信息

生态环境是药用动植物生存不可缺少的条件，自然生态环境与中药材的质量（有效成分的形成和积累）、数量密切相关。各地不同的自然生态环境条件，直接影响着青蒿的数量、生长发育、形态结构和化学成分等方面在区域间的差异分布。本研究中用到的生态环境数据简要介绍如下：

（一）气候数据

1. 中国范围的气候数据

自然环境中气候条件决定着热量和水分等的分布，并直接影响植物和动物的分布和数量等。气候因子包括温度、湿度、降水、日照、风速和太阳辐射等。

本研究所用中国范围的气候数据，主要根据 1950 ~ 2000 年间的气象观测数据插值而成，分辨率 1km。包含：12 个月的月均降水量、气温、日照时长等，年平均降水量、气温、日照时长、相对湿度、风速和太阳辐射等，共 55 个气候因子指标。

2. 世界范围的气候数据

全球生物气候学建模数据库（CliMond），旨在分享特殊格式的环境数据、建模工具和专业知识在生态模型中的使用。由气候研究中心（CRU），主要基于 1961～1990 年的气候数据和部分 1950～2000 年的数据，提供 Bioclim、Climex 等气候数据集。

Bioclim 气候数据：包括全球范围 ASCII、ESRI、GRID 格式的温度、降水、辐射和土壤水分等数据，可以直接在现阶段流行的生物物种分布建模软件包中使用。

Climex 气候数据：包括全球范围 ASCII 格式的日最低温度、日最高温度、月平均降水量和相对湿度等数据。

3. 世界未来气候数据

国际热带农业中心（CIAT）与国际农业研究磋商组织（CGIAR）研究计划中关于气候变化、农业和粮食安全（CCAFS: Climate Change Agriculture and Food Security）部分工作，提供了全球和地区未来高清晰度的气候数据集。可作为评估各个领域，包括生物多样性、农业和畜牧业生产、生态系统服务、气候变化影响和适应的依据。CCAFS 是国际农业研究磋商和地球系统科学联盟（ESSP）为期 10 年的研究计划。该 CCAFS 方案力求克服气候变化对农业和粮食安全的威胁，探索帮助弱势农村社区适应气候全球性变化的新途径。

（二）土壤数据

土壤具有供给和协调药用植物生长所需水、肥、气、热的能力。

本研究所用中国范围的土壤数据为，1995 年编制的第二次全国土地调查获得土壤类型数据（《1：100 万中华人民共和国土壤图》）。包括：土壤酸碱度、含沙量、土壤类型等 8 个指标。数据格式为 grid 栅格格式，投影为 WGS84。采用的土壤分类系统主要为 FAO-90。

世界范围的土壤数据集（v1.1），来源于联合国粮农组织（FAO）和维也纳国际应用系统研究所（IIASA）所构建的世界土壤数据库（HWSD）。该数据可为建模者提供模型输入参数，可用来研究生态农业分区，粮食安全和气候变化等。

（三）植被数据

本研究所用中国范围的植被数据为，中国科学院植物研究所编制的《中华人民共和国植被图（1：100 万）》。

（四）地形数据

地貌是自然环境最基本也是最重要的组成要素之一，是影响区域生物多样性空间格局变化的重要因子。地貌是引起非地带性的主要因素，对气候、植被、土壤和水文等其他自然环境要素具有不同程度影响。地形因子，包括海拔高度、坡度、坡向等，对中药资源生长发育及次生代谢产物的积累起间接影响，但在山地，由于地形因子可决定山地内水、热、养分的再分配，会成为生态主导因子。地面的起伏，山脉的坡度和坡向等对中药材也有一定的影响。

地形数据主要来源于 1 ： 100 万比例尺的中国国家基础地理信息数据集。

五、社会环境数据信息

社会环境数据，主要反映我国政治主张和社会经济发展情况等。本研究所用社会环境数据，主要来源于 1 ： 100 万比例尺的中国国家基础地理信息数据集，包括中英文地名、行政区划、居民地、交通等。

（一）行政区划

行政区划是国家为便于行政管理而分级划分的区域，是按照不同层级政府管辖行政区域进行的空间单元划分。根据《中华人民共和国宪法》第三十条，中华人民共和国的行政区域划分如下：（一）全国分为省、自治区、直辖市；（二）省、自治区分为自治州、县、自治县、市；（三）县、自治县分为乡、民族乡、镇。直辖市和较大的市分为区、县。自治州分为县、自治县、市。自治区、自治州、自治县都是民族自治地方。

根据《中华人民共和国行政区划代码》（GB/T2260-2007）和《县以下行政区划代码编制规则》（GB/T10114-2003），行政区划代码由 9 位阿拉伯数字组成。并对中国县以上行政区划的代码做了规定，用 6 位阿拉伯数字分层次代表省（自治区、直辖市）、地区（市、州、盟）、县（区、市、旗）的名称。

（二）土地利用数据

土地利用是指人类有目的地开发利用土地资源的一切活动。对于土地利用变化的分析是希望通过长时间序列在相同空间范围内对于特定类型或特定区域的土地使用情况变化进行分析，从而判断该区域或该类型土地变化的规律。

土地利用区划，是在研究土地综合体的各种要素域分异的基础上，考虑土地利用现状特点及其历史发展，从最大限度发挥土地生产潜力、改善土地生态系统的结构与功能出发，对土地的合理利用方向进行分区，确定国民经济各部门用地分配、结构和布局形式等。

本研究所用土地利用数据，是由中国科学院地理科学与资源研究所主持，41 个单位、300 多名科学工作者共同协作，历时 10 年（1981 ～ 1990）出版的《1 ： 100 万中国土地利用图》，包括中国土地利用特征、类型结构及其分布规律等。

第二节　广西青蒿分布区划

一、广西自然生态环境概况

广西壮族自治区位于 20°54′ ～ 26°23′N，104°29′ ～ 112°04′E，年平均气温在 16 ～ 23℃之间、年降雨量在 1000 ～ 2800mm 之间、太阳年总辐射量达 90 ～ 100 kcal/cm²。广西地处低纬度地区，南濒热带海洋，北为南岭山地，西延云贵高原东南边缘，山地丘陵性盆地地貌是广西地区的主要地貌特征。中部和南部多为平地，地势较平缓。受地形和海陆位置的影响，广西南部和东南部具有温暖湿润的海洋性气候特征。

桂西、北部为云贵高原边缘、桂东北为南岭山地，地势均较高，东南及南部是云开大山和十万大山。盆地中部被弧形山脉分割，形成大小盆地相杂的地貌结构。广西地形的主要特点是山地多，平地少，地势由西北向东南倾斜，四周山地环绕，盆地边缘多缺口。河流大多沿着地势倾斜面，从西北流向东南，形成了以红水河——西江为主干流的横贯广西中部以及支流分布于两侧的树枝状水系。河流冲积平原主要分布于河流的中下游沿岸，较大的平原有浔江平原、郁江平原和南流江三角洲平原等。

由于广西地形条件比较复杂，不同区域内小地形特征明显，受地形的影响，桂西、桂北和桂东北具有山地气候一般特征，山地气候较为明显；中部和南部多为平地地势较平缓，受地形和海陆位置的影响广西南部和东南部具有温暖湿润的海洋性气候特征。

二、基于 Maxent 模型的广西青蒿分布区划

生态位模型（Maxent 模型）是基于现有的物种分布点位信息及其所关联的环境信息，来预测物种潜在的分布范围。生态位模型中常用的是最大熵模型，信息熵是对信息的度量，信息增加、熵减少。

基于文献和实地调查获取广西范围内青蒿采样点位置信息，选择与青蒿生长相关的生态因子，使用 Maxent 软件，基于最大信息熵模型计算青蒿的生境适宜度，结果如图 2-6 所示。由图 2-6 可以看出广西大部分地区均是青蒿的潜在分布区域。

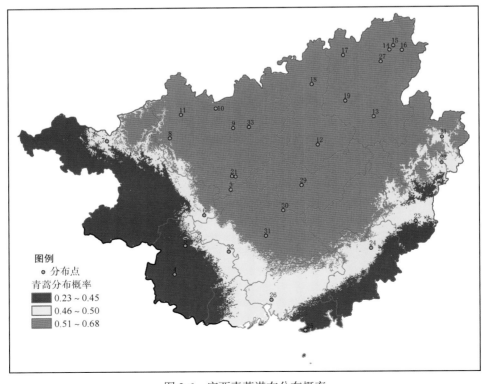

图 2-6　广西青蒿潜在分布概率

第三节 中国青蒿分布区划

本节以中国为研究区域，以青蒿为研究对象，利用 Maxent 模型对不同样本量的预测结果，进行对比分析。

一、基于 Maxent 模型的青蒿分布区

（一）基于论文中采样点的青蒿潜在分布区

基于 2011 年以前，公开发表相关论文中关于青蒿的采样点数据，共 177 个采样点，基于 Maxent 模型，计算中国范围青蒿的潜在分布概率，结果如图 2-7 所示。由图 2-7 可以看出，潜在分布概率大于 50% 的区域，主要集中在重庆、贵州和广西等地。

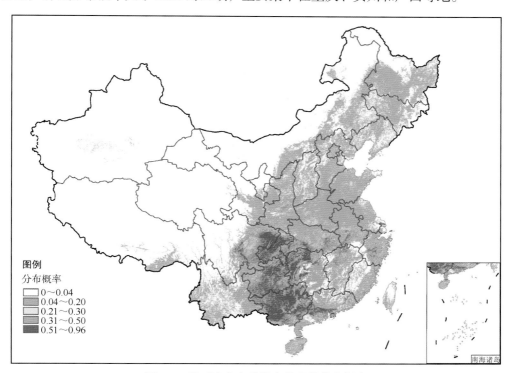

图 2-7 基于论文中采样点的青蒿分布概率

（二）基于课题组实地调查采样点的青蒿潜在分布区

基于 2011 年，课题组在全国 19 个省（区、市）250 个样地 349 个采样点的实地调查数据，应用 Maxent 模型，计算中国范围青蒿的潜在分布概率，结果如图 2-8 所示。

由图 2-8 可以看出，潜在分布概率大于 50% 的区域，除了重庆、贵州和广西外，河南、山东、辽宁等其他省份也有潜在分布概率大于 50% 的区域。

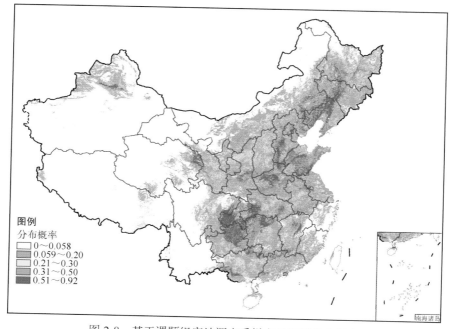

图 2-8　基于课题组实地调查采样点的青蒿分布概率

（三）基于普查实地调查采样点的青蒿潜在分布区

基于第四次全国中药资源普查形成的"中药资源云平台"，基于 2266 个采样点，利用 Maxent 模型，计算中国范围青蒿的潜在分布概率，结果如图 2-9 所示。由图 2-9 可以看出，潜在分布概率大于 50% 的区域，除了重庆、贵州和广西外，河南、山东、辽宁等其他省份也有潜在分布概率大于 50% 的区域，而且范围比图 2-8 的要广。

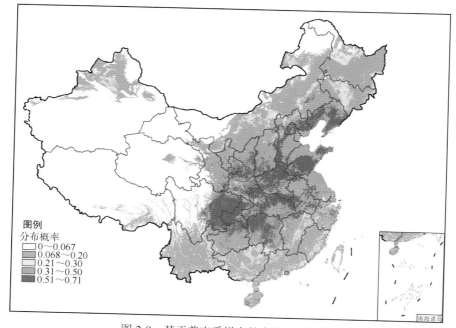

图 2-9　基于普查采样点的青蒿分布概率

（四）基于 GBIF 数据库采样点的青蒿潜在分布区

基于 GBIF 查询获得各地相关研究中记录的 163 个有关中国范围青蒿分布点位信息，基于 Maxent 模型，计算中国范围青蒿的潜在分布概率，结果如图 2-10 所示。由图 2-10 可以看出，潜在分布概率大于 50% 的区域，主要集中在中国的东南部，北部较少。

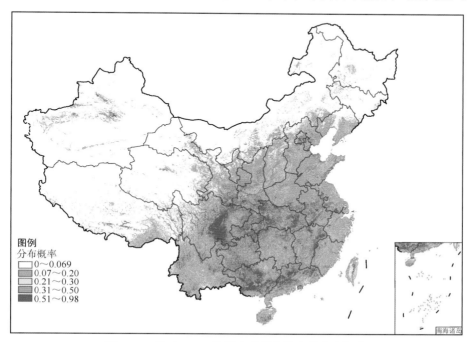

图 2-10 基于 GBIF 数据库采样点的青蒿分布概率

（五）基于所有采样点的青蒿潜在分布区

综合论文中记载、课题组实地调查、第四次全国中药资源普查和 GBIF 中所有关于中国范围青蒿分布的信息，共 2955 个点位，基于 Maxent 模型，计算中国范围青蒿的潜在分布概率，结果如图 2-11 所示。由图 2-11 可以看出，潜在分布概率大于 50% 的区域比上述 4 种情况的都要广。

由此可以看出，基于 Maxent 模型估算青蒿的潜在分布概率，样本量的大小对预测结果具有较大的影响。样本量大、分布较集中的区域，利用 Maxent 模型估算的分布范围广、概率值较高。

（六）基于 Maxent 模型影响青蒿潜在分布的因素分析

基于中国知网论文中有关青蒿的采样点数据、课题组实地调查的采样点数据、普查实地调查的采样点数据、GBIF 数据库的采样点数据、以上所有的采样点数据，5 组不同数据源；基于同一组生态环境数据，应用 Maxent 模型进行同样参数的计算操作，分析对青蒿分布有影响的因素及贡献率，结果如表 2-1 所示。由表 2-1 可知，虽然采用的方法相同，但由于所用的数据源不同，对青蒿分布有影响的因素及贡献率各不相同。

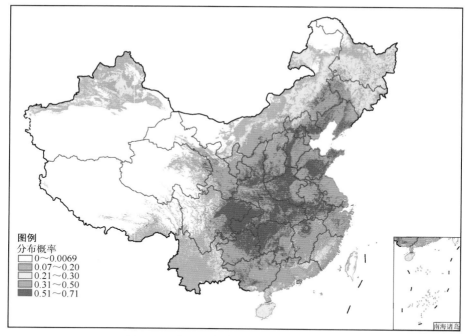

图例
分布概率
☐ 0～0.0069
▨ 0.07～0.20
▨ 0.21～0.30
▨ 0.31～0.50
▨ 0.51～0.71

南海诸岛

图 2-11　基于所有采样点的青蒿分布概率

二、基于中国未来气候数据的青蒿潜在分布区

通过 GBIF 和课题组收集到的青蒿分布数据，通过 CCAFS 获取的中国未来气候数据，基于 Maxent 模型和未来气候条件（2050）对青蒿的潜在分布情况进行了模拟，利用 ArcGIS 的空间分析功能，得到青蒿未来气候条件下的空间分布图，结果如图 2-12 所示。

表 2-1　对青蒿分布有影响的因素及贡献率

序号	环境因子	全部		GBIF 数据库		全国中药资源普查		课题组实地调查		文献资料	
		贡献率（%）	重要性	贡献率（%）	重要性	贡献率（%）	重要性	贡献率（%）	重要性	贡献率（%）	重要性
1	bio1	4.7	1.4	5.9	0.1	9.5	1.9	0	0	0	0
2	bio2	1.1	3.9	0.3	0.3	0.2	0.4	1.9	4.8	0.9	2.5
3	bio3	0.7	1.3	1	2.5	0.3	0.9	5.9	6.4	0.3	0.4
4	bio4	2.4	11.3	3.3	7.5	2.7	8.6	6.2	4.3	4.8	31
5	bio5	0.1	0	0.8	0.1	8.7	14.7	0.8	0.3	1.2	0.7
6	bio6	0	0	0	0	0.4	1.6	0	0.2	14.5	0
7	bio7	0.7	2.7	1.3	1.8	0.7	3.4	0.3	1.8	0.3	0
8	bio8	0	0	0.6	0.5	2.5	1	1.2	0.5	0.1	0
9	bio9	0.1	0.9	0.1	0.1	1.2	0.1	0	0	0	0
10	bio10	0	0	0.5	0	0.9	1.2	0.6	0	6.3	1
11	bio11	0	0	0	0.1	0.3	0	0	0.5	0.5	0.5

续表

序号	环境因子	全部		GBIF 数据库		全国中药资源普查		课题组实地调查		文献资料	
		贡献率（%）	重要性	贡献率（%）	重要性	贡献率（%）	重要性	贡献率（%）	重要性	贡献率（%）	重要性
12	bio12	0.1	0.2	0.1	0.1	0.2	4.5	0	0	0	0
13	bio13	0.1	12.9	0	0.2	0	0	0	0.7	9.7	3
14	bio14	0	0	0.1	2.4	0.1	4.2	0	0	0	0
15	bio15	0.3	5	0.3	1.2	0.1	2.1	0.5	1.7	0	0.4
16	bio16	0	0	0.3	0.4	0.4	1.3	0.9	10	0	0
17	bio17	0	0	0.6	0	0	0.1	1.5	1.2	0.1	0.2
18	bio18	0	0	8.5	0.1	0	0	0.1	0	0.7	0.4
19	bio19	0	0	0	0	0	0.8	0.6	0	0.1	5.7
20	prec1	0	0	0	0.4	0	0	0	0.5	0.2	0
21	prec2	0.3	0.8	0.1	1.5	0.3	0.8	0.3	0.3	0.2	2.5
22	prec3	0.3	0.3	0.3	0	0.1	1.8	1	2.9	0.4	0.1
23	prec4	8.3	2.8	0.4	2.2	0	0	0	0	4.5	1.8
24	prec5	0.6	1	4.9	2.6	1.1	1	7.6	4.6	0.4	0.9
25	prec6	0.8	7.7	0.1	1.1	0	0.1	0.7	0.3	0.1	0
26	prec7	0	0	6.3	0.6	0.6	1.2	0.1	0.8	0.1	0.4
27	prec8	8	1.7	1.2	3.8	14.4	7.7	0.8	2.8	0.1	1.6
28	prec9	1.6	1.2	4.1	15.2	0.1	0.2	2.4	3.9	0	1.1
29	prec10	0.1	5.4	0.3	1.6	1.2	12.7	16.6	19.5	4	3
30	prec11	30.1	0.2	0.5	0.4	22	4.7	24.3	0	3.9	0.1
31	prec12	0	0	0	0	0	0.2	0.2	4.3	0	0
32	tmean1	0	0	0	0	0	0	0.4	0.3	4.8	0.1
33	tmean2	0.9	3.1	0.2	0.8	0.4	0.2	0.8	0.7	0	0
34	tmean3	0	0	0	0	1.1	0.8	2.7	1.7	0.2	0
35	tmean4	16.2	0	0	0	4.1	0.1	0	0.2	0.1	0
36	tmean5	0	0	1.9	0.1	7.8	0.9	0.5	0	0.2	2.4
37	tmean6	1.9	0.8	1.6	0.3	0.7	0.6	1	0.7	1.1	0.1
38	tmean7	0.6	0	1.2	0	0.9	0.2	0.8	1.4	2.2	0.7
39	tmean8	0.9	0	0.1	0	1.9	2.4	0.9	0.4	0.8	1.2
40	tmean9	4	8.8	4.7	2	5.2	0.1	0.4	0	11.1	0.9
41	tmean10	0	0	0.9	0	0	2.1	0	0	1.3	0
42	tmean11	0	0	0.1	0.1	0	0	0.5	1.9	2.2	0
43	tmean12	0	0	0	0	0.1	0.4	0.1	0	0	0.4
44	ph	2.5	5.7	0.4	0.7	1.1	1.5	0	0.1	0.2	1
45	soiltype	0.8	0.3	1.4	14.1	0.4	0.2	0	0	0.3	12.2
46	hsl	0	0	0.3	0.2	0.2	0.7	0.3	0	0	0
47	ntl	0.4	1.2	2.6	10.4	5.3	6.4	1.4	0.3	0	0.2

续表

序号	环境因子	全部		GBIF 数据库		全国中药资源普查		课题组实地调查		文献资料	
		贡献率（%）	重要性	贡献率（%）	重要性	贡献率（%）	重要性	贡献率（%）	重要性	贡献率（%）	重要性
48	yjthl	0.2	0.7	0.1	0.6	0.2	0.5	0.4	0.6	0	0
49	trylzjhnl	3.9	2.4	1.4	0.3	0	0	5	2.2	0.4	0.4
50	tryxsfhldj	0	0	0	0	0	0	0.2	1	0.1	0.3
51	trzdfl	1.7	0.8	0.2	0.7	0.4	0.2	1.1	1.2	0.8	0.9
52	altitude	1.1	7.5	0.7	1.4	0.3	2.3	3.4	3.1	0	0.9
53	slope	0.4	1.2	2.3	6.8	0.9	0.9	1.1	9.4	1	2.7
54	aspect	0.1	0	1.3	0.8	0	0	0.6	0.2	5.3	1.3
55	zblx	3.3	5.3	5	2.8	0.5	1.7	3.4	0.8	1.9	8.6

三、中国未来气候条件下青蒿潜在分布区域变化

　　基于现阶段气候条件下青蒿的潜在分布区域（图 2-11）和未来气候条件下青蒿的潜在分布区域（图 2-12），利用 ArcGIS 的空间分析功能，对比分析未来气候和现在气候条件下青蒿潜在分布区域变化情况，结果如图 2-13 所示。

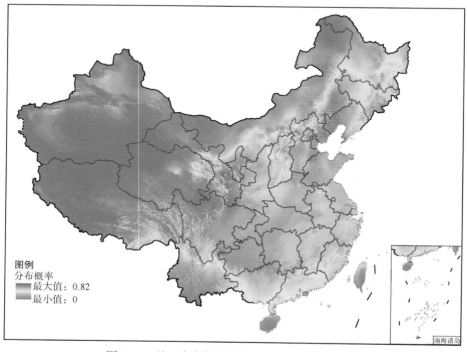

图 2-12　基于未来气候数据的青蒿潜在分布概率

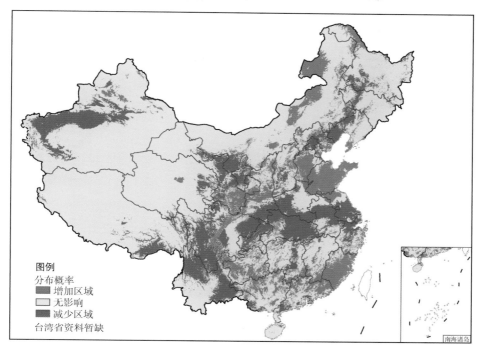

图 2-13　不同时期气候条件下青蒿潜在分布变化情况

综上,可以看出利用Maxent模型进行青蒿潜在分布范围预测估计,由于样本量的大小、采样点的空间分布密度、所用生态环境数据等的不同,对青蒿的潜在分布区域预测结果也是不同的。

第四节　全球青蒿分布区划

一、基于 Maxent 和 BRT 模型的青蒿潜在分布区划

(一)基于 Maxent 模型的青蒿潜在分布区划

根据《中国植物志》,青蒿为广布种,广泛分布于亚洲、北美洲的寒温带、温带、亚热带地区,欧洲的中部、东部、南部,在地中海和非洲北部也有分布。通过在全球生物多样性信息网络数据库和中国数字植物标本馆获取青蒿资源分布数据,数据显示:青蒿主要分布在亚洲东部、北美洲及欧州西部,主要是中国、韩国、美国、西班牙、德国、法国、澳大利亚、比利时、瑞典、英国等国家。

基于 GBIF 数据库获取的全球各地青蒿采样点位置信息,选择与青蒿生长相关的生态因子,基于 Maxent 模型估算全球范围内青蒿的生境适宜度,结果如图 2-14 所示。由图 2-14可以看出,美国、中国和欧洲各国对青蒿的研究较多,获取的分布点较多,潜在分布概率均较大。

基于全球数据库的青蒿分布概率

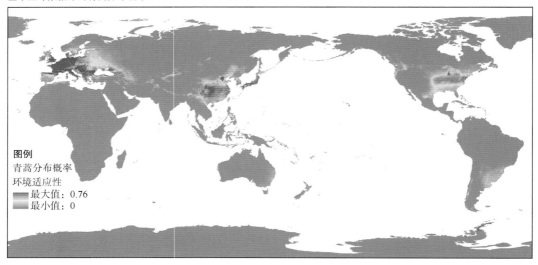

图 2-14　青蒿潜在分布区

　　基于 GBIF 数据库获取的全球各地青蒿采样点位置信息，及课题组实地调查和全国中药资源普查数据库中各地青蒿采样点位置信息，使用 Maxent 软件，基于最大信息熵模型计算青蒿的生境适宜度，结果如图 2-15 所示。

　　对比图 2-14 和图 2-15，对基于相同环境数据，不同青蒿采样点数据，进行青蒿潜在分布概率差异性对比分析。可以看出：青蒿的采样点越多，潜在分布概率越大；采样点分布范围越广，潜在分布区域越大。

基于全球数据库和中药资源普查的青蒿分布概率

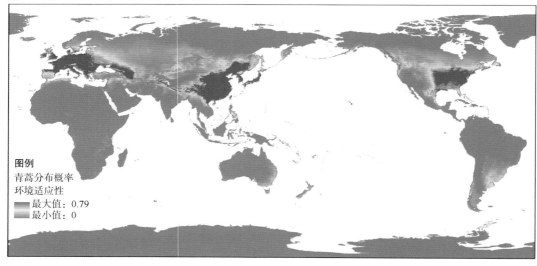

图 2-15　青蒿潜在分布区

（二）基于增强回归树模型的青蒿分布区划

丁方宇等[99]基于增强回归树模型（BRT）开展了全球范围青蒿的潜在分布区划，主要方法和结果简要如下：

1. 空间预测协变量

空间预测协变量，包括气候、土壤类型和 DEM 数据。

全球范围的气象数据包括：降水量、温度、湿度、太阳辐射等的年平均值，从 WorldClim 2.0 版数据库的网站上下载（http://www.worldclim.com/）。

全球范围的土壤数据包括：土壤含水量、土壤类别和土壤深度等其他与土壤相关的数据集，从世界土壤信息网站下载获得（http://www.isric.org/）。

全球范围的地形数据包括：海拔和坡度，从国际农业研究协商小组空间研究联合会网站下载（http://srtm.csi.cgiar.org）。

背景数据：基于生态作物数据库网站获取的相关数据作为背景点的依据（http://ecocrop.fao.org/）。以平均温度＜10℃，年累积降水量＜600mm 或＞1300mm 的地区不适合种植青蒿。

2. BRT 模型分析方法

本研究所有相关数据，基于 WGS-84 坐标系，利用 ArcMap 和 Python（https://www.python.org/）对数据进行预处理，将用于预测青蒿分布区域的各生态环境要素变量和青蒿采样点数据，统一转换到空间分辨率为 5km×5km 的格网中，与 GDAL 2.1.0（http://www.GDAL.org/）和 Proj4 5.0.0（https://Proj4.org/）等其他扩展包一起使用。

利用 ArcGIS 随机取样的样点数据，将青蒿采样点数据作为因变量，生态环境因子作为自变量（空间预测协变量），调用 R 语言扩展包（即 dismo、caret 和 gbm）进行 BRT 分析，并进行评估仿真准确度计算。为减少背景点对模拟的影响，随机选择背景点执行 100 次，对 100 个 BRT 模型进行拟合，并采用 10 倍交叉验证方法。

BRT 模型参数使用默认值。每次抽取 50% 的数据进行分析，50% 用于训练。采用曲线下面积（AUC），对构建的 BRT 模型性能进行评价；采用相对贡献率（RC）指标评估各空间预测变量对整体 BRT 模型的贡献程度。

3. BRT 模型分析结果

应用 BRT 模型，进行生态环境对青蒿分布影响因素分析，结果显示：气候要素对青蒿分布的影响最大（RC 78.88%），其次是太阳辐射（RC 15.16%）、土壤要素（RC 3.04%）和地形要素（RC 2.92%），具体如表 2-2 所示。

由表 2-2 可以看出，在全球范围内对青蒿分布影响最大的为气候方面的要素，土壤和地形等的影响较小。

表 2-2 空间预测变量的相对贡献度

环境要素	平均相对重要性（%）	百分比标准差（%）
气候要素	78.88	—
年平均气温	40.03	3.98
年累计降水量	27.50	4.86
年平均水汽压	11.35	4.55
年均太阳辐射	15.16	1.80
土壤要素	3.04	—
土壤含水量	1.94	0.96
土壤类型	0.72	0.59
土壤深度	0.38	0.20
地形因素	2.92	—
海拔	1.73	0.37
坡度	1.19	0.30

应用 BRT 模型得到主要因子（RC ＞ 1.50%）的边际效应曲线，结果如图 2-16 所示。由图 2-16 可以看出，青蒿分布与年平均气温、太阳辐射、海拔等的变化规律是抛物线型；如年平均气温 –10 ～ 30℃的区域，在 –10 ～ 15℃呈正相关，在 15 ～ 30℃呈负相关。年平均水汽压与土壤含水量呈正相关。

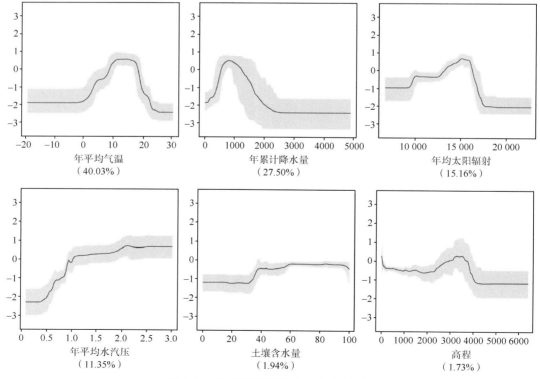

图 2-16 生态环境要素相对重要性分析

4. 潜在环境适应性

基于 BRT 计算每个 5km×5km 格网单元内青蒿的环境适宜性,结果如图 2-17 所示。由图 2-17 可以看出,青蒿环境适宜性分布区域主要在中纬度地区,包括:北美东部和北美西海岸、南美洲中部、欧洲、非洲中部和南部、中亚和东亚以及大洋洲东南部。

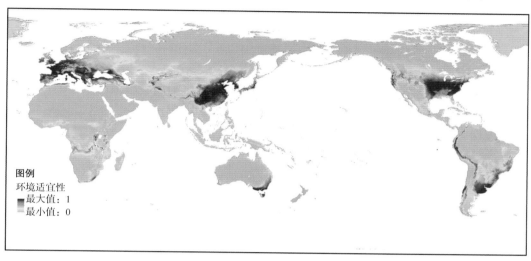

图 2-17　青蒿适宜性分布

5. 精度评定

使用标准偏差进行空间预测的不确定度分析,结果如图 2-18 所示。由图 2-18 可以看出总体上不确定度处于低水平。表明基于现有数据预测结果可以反映青蒿的分布情况。

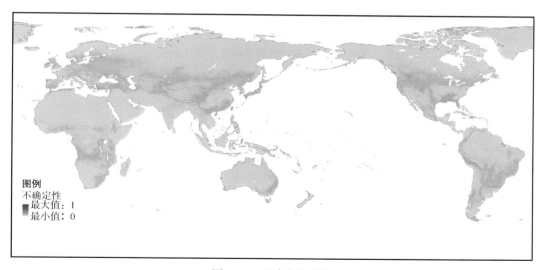

图 2-18　不确定性分析

二、基于全球气候变化的青蒿潜在
分布区域变化

（一）青蒿潜在分布区

未来气候变化对物种生存空间具有一定的影响，未来全球气候变化对生物分布区的影响已经成为研究的重点和热点之一。

通过 GBIF 和课题组收集到的青蒿分布数据及通过 CCAFS 获取的世界未来气候数据（2070 年气候），基于 Maxent 模型对青蒿的潜在分布情况进行模拟，利用 ArcGIS 的空间分析功能，得到未来气候条件下的青蒿空间分布图，结果如图 2-19 所示。

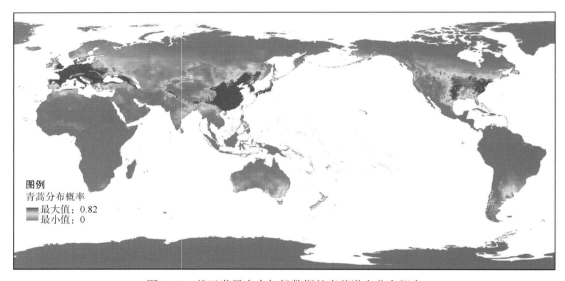

图 2-19　基于世界未来气候数据的青蒿潜在分布概率

由图 2-19 可以看出：在未来气候条件下（2070 年气候），亚洲东部的中国、北美东部的美国、欧洲、南美洲南部的南非等地为青蒿分布概率较高的区域。

（二）基于全球气候变化的青蒿潜在分布区域变化

基于现有和未来气候条件下青蒿潜在分布区域（图 2-15、图 2-19），对比分析在气候条件变化背景下青蒿潜在分布区域变化情况，结果如图 2-20 所示。

由图 2-20 可以看出：与当前气候情景下青蒿的分布相比，到 2070 年气候情景下，青蒿适宜区都将有所减少。红色区域为全球气候变化对青蒿分布影响最大的区域，蓝色区域为可能更适宜的区域。

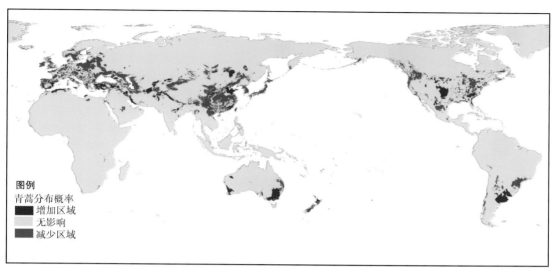

图 2-20 未来气候条件下青蒿分布区域变化

第五节 青蒿分布区的生境特征

一、中国范围青蒿分布区的生境特征

基于论文中记载、课题组实地调查、全国中药资源普查和 GBIF 中所有关于中国范围青蒿分布的信息，通过生态环境数据库（中国范围），利用 ArcGIS 软件，提取青蒿采样点、分布概率 > 0% 和分布概率 > 50% 区域的植被类型、土壤类型、海拔高度，年均温度、年均降水量、年均日照时数、年均湿度，太阳辐射信息，结果如表 2-3 所示。

表 2-3 中国范围对青蒿分布有影响的主要环境因素及范围

主要环境因素	青蒿采样点			分布概率 > 0% 的区域			分布概率 > 50% 的区域		
	最大值	最小值	均值	最大值	最小值	均值	最大值	最小值	均值
年均温度	24.18	-5.18	12.28	24.89	-9	12.57	22.24	3.25	13.62
年均降水量	2216	71	850	3392	73	875	1878	187	912
年均日照时数	2719	800	1679	2719	800	1663	2560	800	1577
年均湿度	89	40	68	89	40	69	89	48	70
太阳辐射	17 672	10 491	14 370	60 381	26 356	38 039	51 256	26 356	36 700
海拔高度	4102	0.15	664	4154	1	6898	3007	3	519
植被类型	灌丛、荒漠、草原、草丛、阔叶林、栽培植被、针叶林、草甸、其他			灌丛、高山植被、荒漠、草原、草丛、阔叶林、栽培植被、针阔叶混交林、针叶林、草甸、沼泽、其他			灌丛、高山植被、荒漠、草原、草丛、阔叶林、栽培植被、针阔叶混交林、针叶林、草甸、沼泽、其他		

主要环境因素	青蒿采样点			分布概率＞0%的区域			分布概率＞50%的区域		
	最大值	最小值	均值	最大值	最小值	均值	最大值	最小值	均值
土壤类型	黏磐土、盐土、疏松岩性土、石膏土、砂性土、人为土、潜育土、栗钙土、火山灰土、黑土、黑钙土、高活性强酸土、高活性淋溶土、低活性强酸土、雏形土、冲积土、薄层土			黏绨土、黏磐土、有机土、盐土、铁铝土、疏松岩性土、石膏土、砂性土、人为土、潜育土、其他、栗钙土、碱土、火山灰土、灰色土、灰壤、黑土、黑钙土、高活性强酸土、高活性淋溶土、钙积土、低活性强酸土、低活性淋溶土、雏形土、冲积土、变性土、薄层土			黏绨土、黏磐土、有机土、盐土、铁铝土、疏松岩性土、石膏土、砂性土、人为土、潜育土、其他、栗钙土、碱土、火山灰土、灰色土、灰壤、黑土、黑钙土、高活性强酸土、高活性淋溶土、钙积土、低活性强酸土、低活性淋溶土、雏形土、冲积土、变性土、薄层土		

　　根据表2-3中，青蒿潜在分布概率＞50%的区域的各指标范围，利用ArcGIS软件，基于中国范围的行政区划和生态环境数据，提取各指标的空间分布范围情况；将每一个指标赋值为"1"，基于生态环境相似，进行空间叠加计算，估算中国范围青蒿的潜在分布区域的分类情况，结果如图2-21所示。

　　由图2-21可以看出：除了青藏高原和西北的戈壁沙漠地区，中国大部分地区均有不同程度适宜青蒿分布的区域。基于生态环境相似和基于信息熵模型得到的青蒿潜在分布区域范围有一定的差异，基于生态环境相似得到的结果，比基于信息熵模型得到的结果空间范围广。

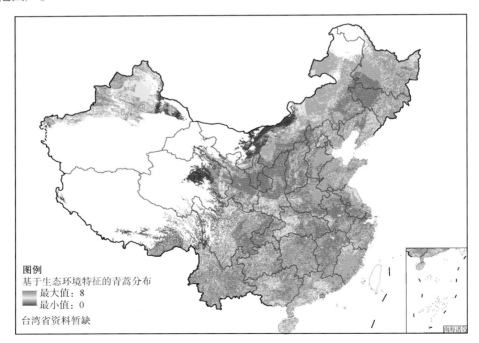

图2-21　基于生态环境特征的青蒿分布范围

根据《中国中药资源志要》和《中国植物志》的记载，青蒿遍布全国各地。根据本章青蒿分布区划研究结果，除青藏高原、新疆南疆、巴丹吉林沙漠等地青蒿分布概率较小以外，全国其他地区均有青蒿分布的自然生态条件。

二、全球范围青蒿分布区的生境特征

基于 GBIF 中，所有关于世界范围青蒿分布的信息，通过"中药资源空间信息网格数据库"，利用 ArcGIS 软件，提取青蒿采样点分布概率＞0% 和分布概率＞50% 区域的年均气温、平均日照、年降水量、太阳辐射、水蒸气压、海拔（表 2-4）。利用 ArcGIS 软件，将每一个指标赋值为"1"，进行空间叠加计算，计算世界范围青蒿的潜在分布区域的分类情况，结果如图 2-22 所示。

由图 2-22 可以看出：按照小样本量，提取出来的生态环境指标，得到青蒿的分布范围非常广。采用生态环境相似的方式进行分布区域的估计，得到青蒿的空间分布区域范围，比用其他方法及青蒿的实际分布区域范围要大许多。

表 2-4 全球范围对青蒿分布有影响的主要环境因素及范围

序号	指标项	青蒿采样点			分布概率＞0% 的区域			分布概率＞50% 的区域		
		最大值	最小值	均值	最大值	最小值	均值	最大值	最小值	均值
1	年均温	27.39	−10.904	12.22	27.392	−10.804	12.218	17.37	7.52	12.29
2	平均日照	16.275	3.808	9.133	16.275	3.808	9.133	12.27	5.99	8.59
3	年降水量	3446	71	812.105	3446	71	812	2090	448	796.57
4	太阳辐射	20 009	8 926	13 217	20 009	8 926	13 217	15 551	9 412	12 525
5	水蒸气压	2.094	0.244	0.937	2.094	0.244	0.937	1.32	0.62	0.91
6	海拔	4271	−18	334.91	4271	−18	334.91	2816	−4	182.62

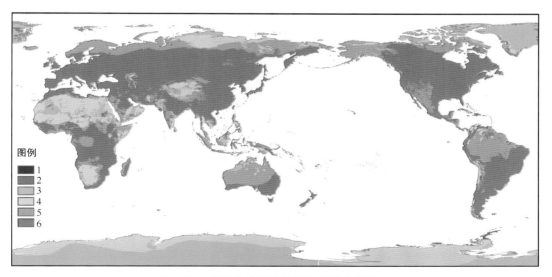

图 2-22 基于生态环境特征的青蒿分布范围

第三章
青蒿生长区划

21 世纪初，人们试图用生物技术通过组织、细胞培养来生产青蒿素，但由于人工合成成本太高，尚未能进行批量生产。青蒿素工业生产所需原料，依然主要来源于野生资源。由于 2005 年世界卫生组织增加在中国采购青蒿素药品的订单，中国范围内有青蒿分布的地区均在大力发展青蒿产业，试图通过青蒿的人工种植来获取青蒿素。但是在青蒿规范化种植过程中，具体如何选取适宜的区域进行青蒿的人工种植，为工业提取青蒿素提供有价值的工业原料，成为有待研究的课题。

本章主要基于文献调查和实地调查获取的青蒿生物量数据，及与青蒿分布相关的生态环境数据为基础，通过空间插值、相似度分析等方法，以省域（广西）、中国和世界为研究区域，在不同空间尺度下研究青蒿生物量多少的空间分布规律，及其与生态环境之间的关系，明确通过人工种植，青蒿高产区的空间分布规律情况。

结果显示：中国北纬 34°（34°N）以南、东经 120°（120°E）以西、东经 100°（100°E）以东的区域为适宜青蒿生长的区域。自然条件下：我国东部、长江以北地区，生长在中温带、南温带的青蒿，草原和草甸中的青蒿，其个体密度相对较大。自然条件下分布在 1000m 以下区域的青蒿，其个体数量相对较多；分布在 1000m 以上区域的青蒿，其个体数量相对较少。

第一节 广西青蒿生长区划

一、青蒿生物量信息采集

课题组于 2006 年 9 月上旬，分别在广西的西南、西北、东北、东南青蒿分布较多的区域，通过实地调查，共获取 31 个野生样地和 3 个人工栽培样地内青蒿的生物量信息，结果如表 3-1 所示。

表 3-1 广西各地青蒿生物量信息（g/10 株）

样方号	地点	生物量	样方号	地点	生物量	样方号	地点	生物量
1	都安	30	3	大化	25	5	大新县	24
2	都安	10	4	崇左	40	6	平果	51

样方号	地点	生物量	样方号	地点	生物量	样方号	地点	生物量
7	田林	150	17	龙胜	180	27	兴安	86
8	凤山	10	18	融安	124	28	临林*	610
9	河池	04	19	永福	85	29	来宾	64
10	天峨	32	20	永福*	620	30	宾阳	71
11	天峨	145	21	贺州	18	31	南宁	132
12	柳州	96	22	梧州	64	32	扶绥	42
13	阳朔	24	23	岑溪	58	33	宜州	74
14	全州	34	24	玉林	74	34	桂林*	590
15	全州	244	25	北海	144			
16	全州	20	26	钦州	47			

注：* 为人工栽培样地

二、青蒿生物量与生态因子之间的关系

用 SPSS13.0 统计软件的方差分析和相关分析方法，研究青蒿生物量与生态因子之间的关系。对广西西南、西北、东北和东南 4 个区域内青蒿的生物量进行方差分析，结果显示：西南地区内青蒿的生物量与东北地区内青蒿的生物量差异性显著（$P < 0.05$）。4 个区内青蒿生物量（10 株）的均值为西南 37g、西北 69.2g、东北 99.6g 和东南 77.4g。

对不同地形、气候条件下青蒿的生物量进行一元方差分析结果显示：不同地形、气候条件下青蒿生物量的差异性不显著，说明广西境内地形、气候的差异对青蒿生物量的影响较小。

对不同土壤类型下青蒿的生物量进行一元方差分析结果显示：受土壤类型的影响，生长在红壤土上的青蒿，青蒿的生物量与生长在石灰土和冲积土上的差异性最显著（$P < 0.05$），生长在红壤土上的青蒿的生物量（10 株）均值为 34g、石灰土 86g、冲积土 110g。说明土壤类型的差异对青蒿生物量的影响较大。

应用 ArcGIS 基于广西的土壤类型数据，提取冲积土、石灰土、红壤土的分布区域，结果如图 3-1 所示。由图 3-1 所示可以看出，广西大部分地区以赤红壤或红壤为主，冲积土（南方水稻土）面积较少。

三、青蒿生物量空间分布规律

应用 ArcGIS 软件的空间插值功能，根据采样点所在地的地理位置，对野生青蒿的生物量进行空间插值，结果如图 3-2 所示。由图 3-2 可以看出广西东北部青蒿的生物量最高、东南部次之、西北部再次、西南部最低。

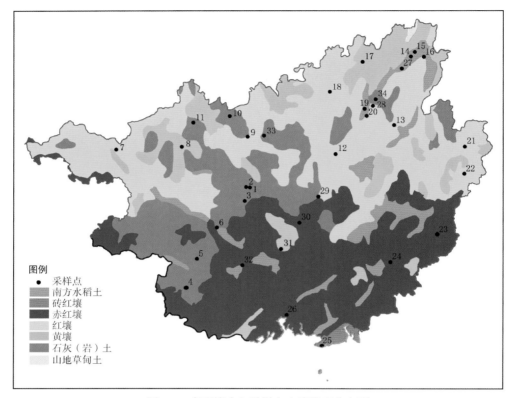

图 3-1　广西境内和采样点土壤类型分布图

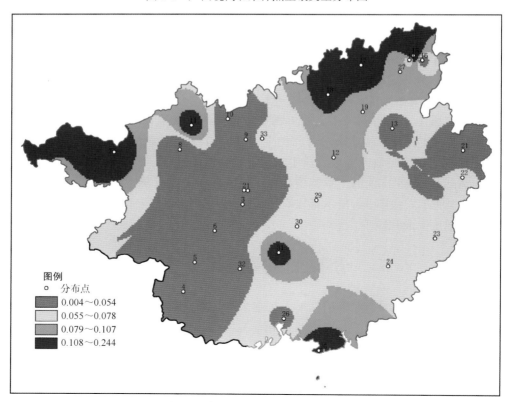

图 3-2　广西青蒿生物量等级分布图

四、青蒿生长区划

应用ArcGIS软件把图3-1和图3-2进行叠加,对比分析各地区土壤类型和青蒿生物量,结果如图3-3所示。由图3-3可以看出:在广西东北部,生长在水稻土(冲积土)、黄壤上的青蒿,其生物量相对较高;生长在西南部的石灰岩和东部红壤上的青蒿,其生物量相对较低。

从基于野生资源和充分利用土地、人工种植获得青蒿生物量最大化的角度出发,对广西青蒿种植区域有如下建议:

桂东北部、东南部和西北部的红色区域内为青蒿人工种植的最适宜区(主要位于灌阳、全州、资源、龙胜、兴安、灵川、临桂、永福、融安、三江、融水、鹿寨、田林、隆林、西林、乐业、灵山、湘北、博白、陆川县的部分地区,以及北海、钦州和桂林市的部分地区),该区域可以获得较高产量的青蒿。

中部橙色区域为较适宜区域(主要位于百色、河池、柳州、桂林、来宾、贵港、玉林、钦州、防城港市的部分地区)。

西南部和东部黄色区域为适宜区域(主要位于百色东部、南宁西部、崇左市、梧州、贺州以及玉林的部分地区)。

西南部绿色区域为不适宜区域(主要位于马山、大化和大新县的部分地区)。

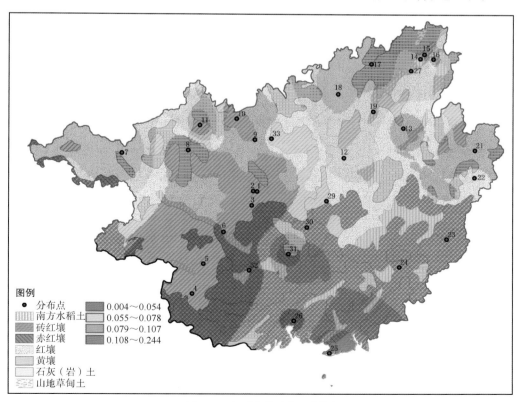

图3-3 广西青蒿生长区划图

第二节　中国青蒿生长区划

一、不同空间尺度青蒿分布多度分析

（一）省域范围青蒿多度情况

根据民政部 2020 年全国县级行政区划统计数据，中国县级行政区划单元共 2846 个。根据第四次全国中药资源普查数据，截止到 2020 年 3 月，共有 1419 县进行了外业调查数据汇交，其中有 30 个省的 575 个县有青蒿的分布记录信息。

根据第四次全国中药资源普查工作关于重点调查的技术要求，一般每个县设置 36 个左右的样地，进行重点调查资源的数量调查。截止到 2020 年 3 月，共有 25 个省 234 个县有关于青蒿的数量调查数据。

利用 Excel，基于各省域青蒿的多度数据中的"有青蒿的县占比、有青蒿的样地占比、有青蒿的样方占比"3 个指标做柱状图，结果如图 3-4 所示。由图 3-4 可以看出，20.17%的县有青蒿、2.78% 的样地有青蒿、0.95% 的样方套有青蒿。

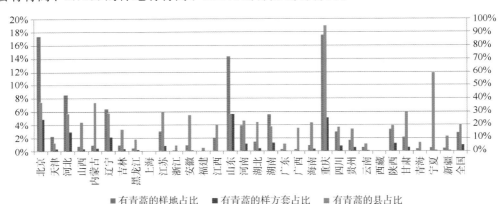

图 3-4　全国各省青蒿多度分布总体情况图

（二）县域范围青蒿多度情况

为分析县域范围青蒿的多度情况，基于全国县级行政区划单元：将无青蒿记录的县赋值为"0"；将一般调查有关于青蒿的调查记录、但重点调查无关于青蒿记录的县，赋值为"1"。针对重点调查中有关于青蒿记录的县，将县域分别赋值为"有青蒿的样地数量""有青蒿的样方数量""出现频率"。出现频率 =100%× 有青蒿的样方套数量 / 县域实地调查的样方套数量。

基于县域"有青蒿的样地数量"，利用 ArcGIS 的空间插值方法，进行有青蒿样地数量的空间估计；利用 ArcGIS 的空间自相关分析，进行青蒿多度的空间分布情况分析，结果如图 3-5、图 3-6 所示。

由图 3-5、图 3-6 可以看出，基于全国中药资源普查的数据，中国中部地区及华北部分地区的各县域内有青蒿的样地数量较多；新疆、东北、西藏高原和东南部沿海地区各县域内有青蒿的样地数量较少。

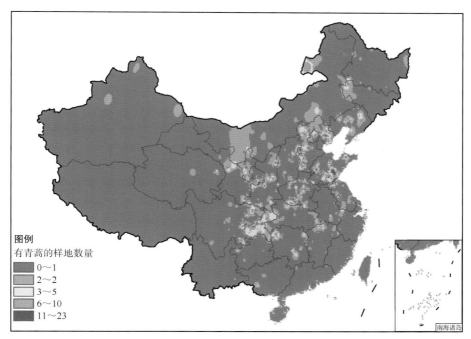

图 3-5　全国各县有青蒿的样地数量

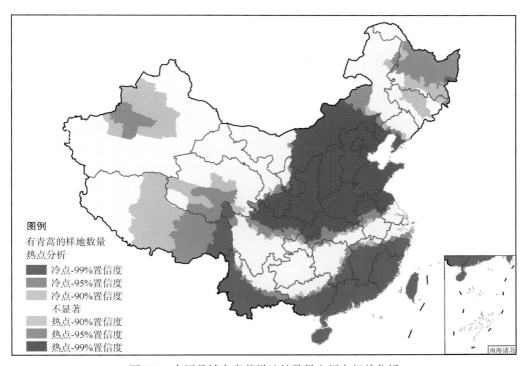

图 3-6　全国县域有青蒿样地的数量空间自相关分析

基于县域"有青蒿的样方数量"，利用 ArcGIS 的空间插值方法，进行有青蒿样方数量的空间估计；利用 ArcGIS 的空间自相关分析方法，进行青蒿多度的空间分布情况分析，结果如图 3-7、图 3-8 所示。

　　基于县域青蒿的"出现频率"，利用 ArcGIS 的空间自相关分析方法，进行青蒿多度的总体空间分布情况分析，结果如图 3-9 所示。

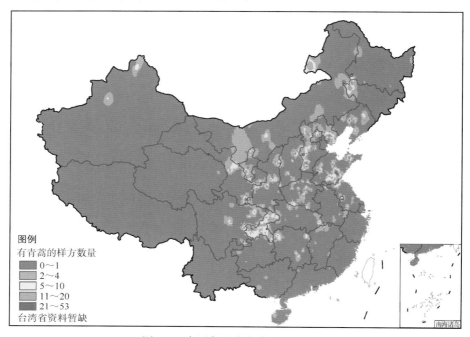

图 3-7　全国各县有青蒿的样方数量

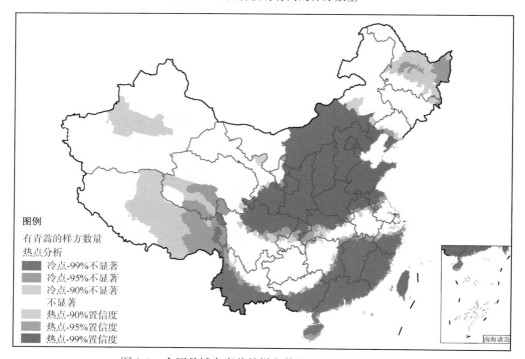

图 3-8　全国县域有青蒿的样方数量的空间自相关分析

由图3-5、图3-6、图3-7、图3-8、图3-9可以看出,黄河以东、长江以北的地区各普查队,汇交到全国中药资源普查数据库中关于青蒿的数量较多,从侧面反映出在该区域内青蒿的数量和出现频率较高。分析原因:可能是由于相对长江以北,区域内中药资源种类较少,对青蒿较为关注,采集的数量较多;也可能是由于相对长江以南,区域内中药资源种类较多,采集的数量较少;或植被盖度大,导致青蒿个体数量少。

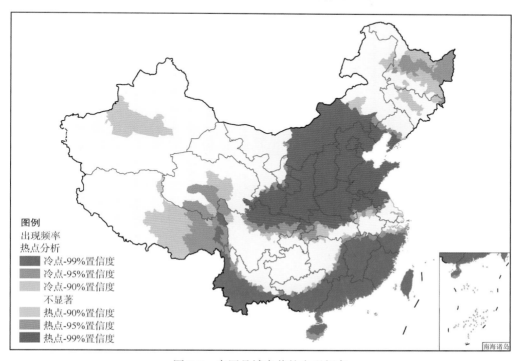

图3-9 中国县域青蒿的出现频率

二、不同省域内各样方套中青蒿个体数量

（一）青蒿个体数量的概率分布

利用R语言的"缺口箱线、散点图、地毯图"绘图功能,对各省域范围、各样方套内青蒿总株数的概率分布情况进行分析,结果显示部分样方套青蒿总株数存在个别离群值。

利用R语言的分位数计算功能,统计每个省域内各样方套6个小样方内青蒿个体的总株数分布情况,结果显示:95%的样方套内青蒿的总株数都在60株以内。

利用R语言的取子集功能,保留95%概率分布以内的数据。同时利用R语言的"小提琴图""缺口箱线、散点图、地毯图"绘图功能,对各省域范围、各样方套内青蒿总株数的概率分布情况进行分析,结果如图3-10、图3-11所示。

由图3-10、图3-11可以看出,各样方套内青蒿总株数,主要集中在30株以下,小于20株的偏多。

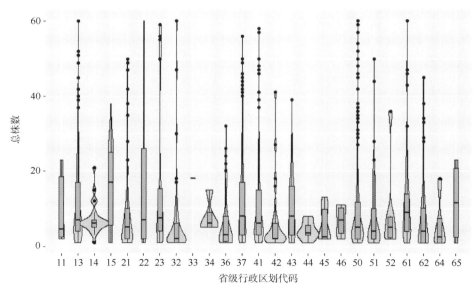

图 3-10　各省域内各样方套青蒿总株数的小提琴图

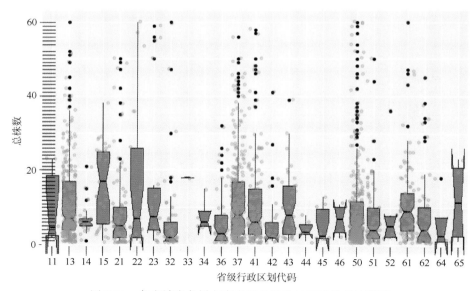

图 3-11　各省域内各样方套青蒿总株数的箱线散点地毯图

（二）不同省域之间总株数的差异性分析

利用R语言的方差分析功能，对不同省域之间，总株数的差异性进行分析，结果显示：不同省域之间青蒿总株数有显著性差异（$P=8.4e\text{-}05$）；各省域之间青蒿采样点样本数和总株数均值，具体如图 3-12 所示。由图 3-11、图 3-12 可以看出，大部分省份的青蒿个体数量的组内差异均较大。

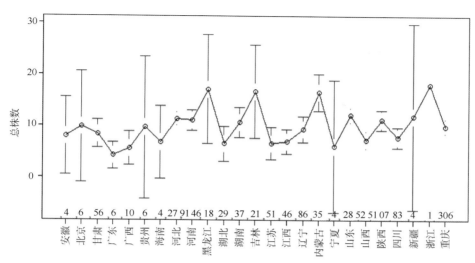

图 3-12　不同省域之间青蒿总株数的均值和置信区间

利用 R 语言方差分析的多重比较功能，对不同省份之间青蒿总株数均值的差异性进行对比分析，结果如图 3-13 所示。由图 3-13 可以看出，两两之间差异性显著的较多（线段不在 0.0 上的）。

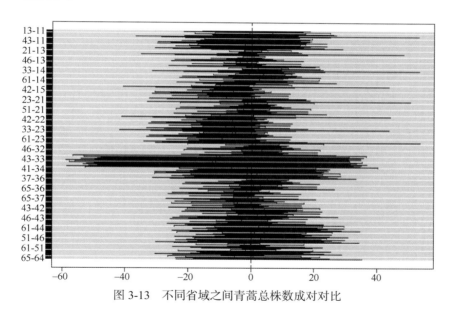

图 3-13　不同省域之间青蒿总株数成对对比

（三）各省域内青蒿个体数量空间分布特征

利用 R 语言的统计函数，计算省域范围、各样方套内青蒿总株数的最小值、最大值、均值、中位数、1/4 分位数、3/4 分位数等基本统计量，结果如表 3-2 所示。

以省域范围各样方套内青蒿总株数的 1/4 分位数为下限、总株数的 3/4 分位数为上限

（具体见表 3-2）；利用 ArcGIS、基于中国行政区划边界，绘制省域范围各样方套内青蒿总株数的空间分布图，结果如图 3-14 所示。由表 3-2、图 3-14 可知，北方省份的个体数量较多。

表 3-2　省域范围各样方套内青蒿总株数统计量

代码 / 名称	个数	标准差	最小值	均值	最大值	1/4 分位数	中位数	3/4 分位数
11 北京	6	10.26	2	9.83	23	2.5	4.5	18.5
13 河北	279	11.01	1	11.31	60	4	7	17
14 山西	25	4.10	1	7.20	21	5	6	7
15 内蒙古	35	10.53	1	16.43	38	5.5	17	25
21 辽宁	86	11.62	1	9.29	50	2	5	10
22 吉林	21	19.97	1	16.57	60	2	7	26
23 黑龙江	18	21.31	1	17.06	59	4	7.5	15.25
32 江苏	51	11.09	1	6.53	60	1	2	6
33 浙江	1	—	18	18.00	18	18	18	18
34 安徽	4	4.76	5	8.00	15	5	6	9
36 江西	46	7.88	1	6.87	32	1.25	3	8
37 山东	285	11.57	1	12.02	56	3	8	17
41 河南	146	12.18	1	10.96	58	3	6	15
42 湖北	29	8.92	1	6.41	41	2	2	6
43 湖南	37	8.95	1	10.59	39	3	8	16
44 广东	6	2.48	1	4.17	8	3	3.5	5.5
45 广西	10	4.55	2	5.60	13	2	2.5	9.75
46 海南	4	4.43	2	6.75	11	3.5	7	10.25
50 重庆	306	12.25	1	9.86	60	2	5	11.75
51 四川	83	8.92	1	7.67	50	2	4	10
52 贵州	6	13.16	2	9.67	36	2.25	5	7.75
61 陕西	107	10.29	1	11.09	60	4	9	14
62 甘肃	56	10.40	1	8.39	45	1	4	10.25
64 宁夏	4	8.12	1	6.00	18	1	2.5	7.5
65 新疆	4	11.35	1	11.75	23	2.5	11.5	20.75

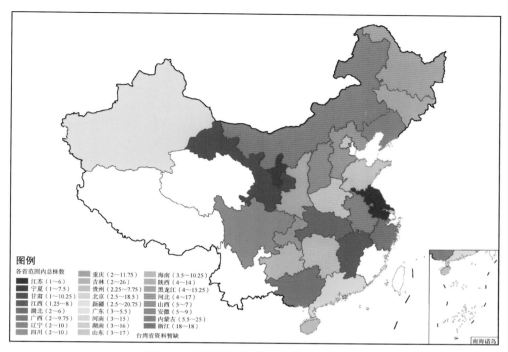

图例

各省范围内总株数

	江苏（1~6）		重庆（2~11.75）		海南（3.5~10.25）
	宁夏（1~7.5）		吉林（2~26）		陕西（4~14）
	甘肃（1~10.25）		贵州（2.25~7.75）		黑龙江（4~15.25）
	江西（1.25~8）		北京（2.5~18.5）		河北（4~17）
	湖北（2~6）		新疆（2.5~20.75）		山西（5~7）
	广西（2~9.75）		广东（3~5.5）		安徽（5~9）
	辽宁（2~10）		河南（3~15）		内蒙古（5.5~25）
	四川（2~10）		湖南（3~16）		浙江（18~18）
			山东（3~17）		台湾省资料暂缺

南海诸岛

图 3-14　省域范围青蒿总株数空间分布图

三、不同植被类型内各样方套中青蒿个体数量

（一）总株数概率分布

利用 R 语言的取子集功能，保留 95% 概率分布以内的数据。同时利用 R 语言的"小提琴图""缺口箱线、散点图、地毯图"绘图功能，对各植被类型范围、各样方套内青蒿总株数的概率分布情况进行分析，结果如图 3-15、图 3-16 所示。

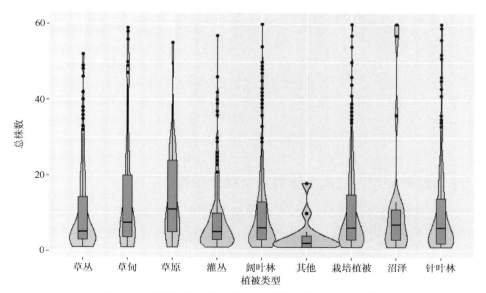

图 3-15　各植被类型内各样方套青蒿总株数的小提琴图

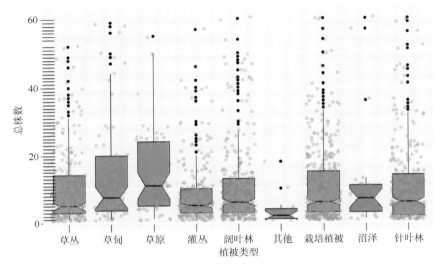

图 3-16　各植被类型内各样方套青蒿总株数的箱线散点地毯图

由图 3-15、图 3-16 可以看出，不同植被类型中，各样方套内青蒿总株数，主要集中在 20 株以下，小于 10 株的偏多。

（二）不同植被类型之间总株数的差异性分析

利用 R 语言的方差分析功能，对不同植被类型之间，总株数的差异性进行分析，结果显示：不同植被类型之间青蒿总株数没有显著性差异；各植被类型之间青蒿采样点样本数和总株数均值，具体如图 3-17 所示。由图 3-16、图 3-17 可知，生长在草甸、草原和沼泽等植被类型上的青蒿，其个体数量在组内的差异性较大。

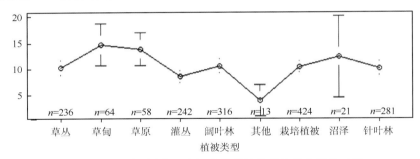

图 3-17　不同植被类型之间青蒿总株数的均值和置信区间

（三）各植被类型内青蒿个体数量空间分布特征

利用 R 语言的统计函数，计算不同植被类型中、各样方套内青蒿总株数的最小值、最大值、均值、中位数、1/4 分位数、3/4 分位数等基本统计量，结果如表 3-3 所示。

表3-3 不同植被类型范围、各样方套内青蒿总株数统计量

植被类型	个数	标准差	最小值	均值	最大值	1/4 分位数	中位数	3/4 分位数
草丛	236	11.04	1	10.31	52	3	5	14.25
草甸	64	16.11	1	14.75	59	3.75	7.5	20
草原	58	12.05	1	13.86	55	5	11	24
灌丛	242	9.16	1	8.59	57	3	5	10
阔叶林	316	11.87	1	10.68	60	3	6	13
其他	13	4.86	1	4.08	18	1	2	4
栽培植被	424	11.21	1	10.49	60	3	6	15
沼泽	21	17.11	1	12.43	60	3	7	11
针叶林	281	11.60	1	10.25	60	2	6	14

由表3-3可以看出，在其他、灌丛等植被类型中的青蒿，其个体数量的平均值和中位数均相对较少；草原和草甸中的青蒿，其个体数量的平均值和中位数均相对较多。可能由于青蒿为草本，灌丛的郁闭度较高，不适宜青蒿的生长。

以不同植被类型中、各样方套内青蒿总株数的1/4分位数为下限、总株数的3/4分位数为上限（具体见表3-3）；利用ArcGIS、基于中国的行政区划边界，绘制不同植被类型范围、各样方套内青蒿总株数的空间分布图，结果如图3-18所示。由表3-3、图3-18可知：在南方灌丛等植被类型中，青蒿个体的平均值和中位数均相对较少。

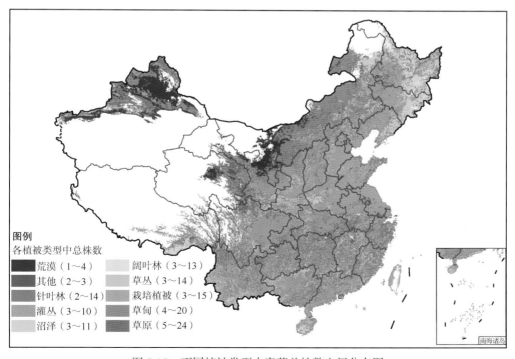

图3-18 不同植被类型中青蒿总株数空间分布图

四、不同土壤类型内各样方套中青蒿个体数量

（一）总株数概率分布

利用 R 语言的取子集功能，保留 95% 概率分布以内的数据。同时利用 R 语言的"小提琴图""缺口箱线、散点图、地毯图"绘图功能，对不同土壤类型范围、各样方套内青蒿的总株数的概率分布情况进行分析，结果如图 3-19、图 3-20 所示。

由图 3-19、图 3-20 可以看出，不同样方套内青蒿的总株数，主要集中在 30 株以下，小于 20 株的偏多，部分大于 30 株。

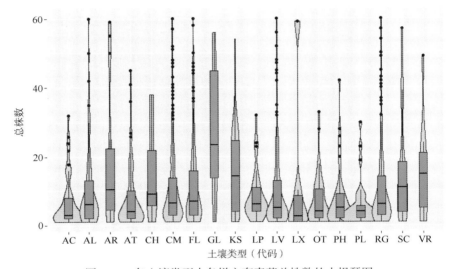

图 3-19　各土壤类型内各样方套青蒿总株数的小提琴图

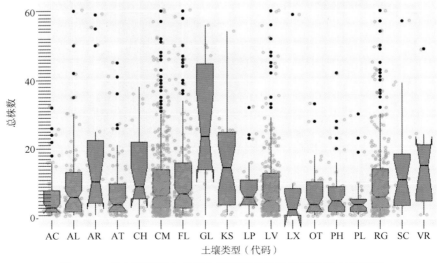

图 3-20　各土壤类型内各样方套青蒿总株数的箱线散点地毯图

（二）不同土壤类型之间总株数的差异性分析

利用 R 语言的方差分析功能，对不同土壤类型之间青蒿总株数的差异性进行分析，结果显示：不同土壤类型之间青蒿总株数没有显著性差异。各土壤类型之间青蒿采样点样本数和总株数均值，具体如图 3-21 所示。

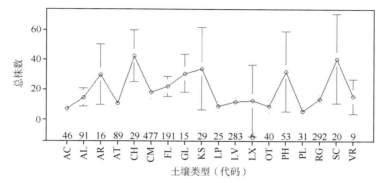

图 3-21　不同土壤类型之间青蒿总株数的均值和置信区间

（三）各土壤类型内青蒿个体数量空间分布特征

利用 R 语言的统计函数，计算不同土壤类型范围、各样方套内青蒿总株数的最小值、最大值、均值、中位数、1/4 分位数、3/4 分位数等基本统计量，结果如表 3-4 所示。

表 3-4　土壤类型范围各样方套内青蒿总株数统计量

代码 / 土壤类型	个数	标准差	最小值	均值	最大值	1/4 分位数	中位数	3/4 分位数
LP 薄层土	25	7.76	1	8.68	32	4	6	11
VR 变性土	9	15.20	1	15.44	49	5	15	21
FL 冲积土	174	12.46	1	11.88	60	3	7	16
CM 雏形土	456	11.09	1	10.61	60	3	6.5	14
LX 低活性淋溶土	6	22.97	1	12.67	59	1	2.5	8.5
AC 低活性强酸土	46	7.63	1	6.91	32	2	3	8
LV 高活性淋溶土	275	10.81	1	9.38	60	2	5	13
AL 高活性强酸土	88	11.44	1	9.99	60	2	6	13.25
CH 黑钙土	20	12.39	1	14.85	38	5.75	9	22
PH 黑土	47	8.56	1	7.47	42	2	5	9
KS 栗钙土	26	13.14	1	15.12	54	4	14.5	24.75
OT 其他	39	7.36	1	7.13	33	2	4	10.5
OT 潜育土	14	18.06	1	27.07	56	14	23.5	44.75
OT 人为土	85	9.13	1	7.79	45	2	4	10
OT 砂性土	14	20.64	1	18.57	59	4.5	10.5	22.5
RG 疏松岩性土	284	11.69	1	10.97	60	3	6	14.25
SC 盐土	16	16.00	1	15.63	57	3.75	11	18.5
PL 黏磐土	31	6.73	1	5.65	30	2	4	5.5

由表 3-4 可知，自然条件下生长在砂性土、人为土、冲积土、疏松岩性土的青蒿样本量较大。

以土壤类型范围各样方套内青蒿总株数的 1/4 分位数为下限、总株数的 3/4 分位数为上限（具体见表 3-4）；利用 ArcGIS、基于中国的行政区划边界，绘制土壤类型范围各样方套内青蒿总株数的空间分布图，结果如图 3-22 所示。

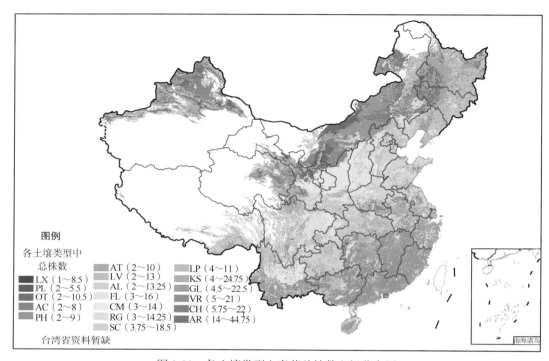

图 3-22　各土壤类型上青蒿总株数空间分布图

五、不同气候带内各样方套中青蒿个体数量

（一）总株数概率分布

利用 R 语言的"小提琴图""缺口箱线、散点图、地毯图"绘图功能，对不同气候带内各样方套中青蒿总株数的概率分布情况进行分析，结果如图 3-23、图 3-24 所示。

（二）不同气候带之间总株数的差异性分析

利用 R 语言的方差分析功能，对不同气候带之间，总株数的差异性进行分析，结果显示：不同气候带之间青蒿总株数没有显著性差异，各气候带之间青蒿采样点样本数和总株数均值，具体如图 3-25 所示。

由图 3-23、图 3-24、图 3-25 可以看出，不同气候带中，各样方套内青蒿总株数，主要集中在 20 株以下，小于 10 株的偏多。分布在高海拔地区的青蒿，其个体数量的差异性较大。

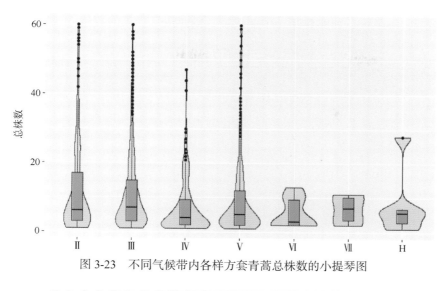

图 3-23　不同气候带内各样方套青蒿总株数的小提琴图

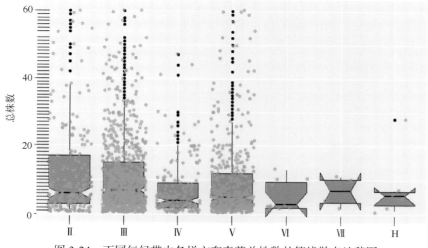

图 3-24　不同气候带内各样方套青蒿总株数的箱线散点地毯图

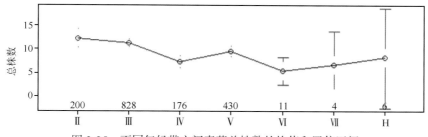

图 3-25　不同气候带之间青蒿总株数的均值和置信区间

（三）各气候带内青蒿个体数量空间分布特征

利用 R 语言的统计函数，计算不同气候带中、各样方套内青蒿总株数的最小值、最大值、均值、中位数、1/4 分位数、3/4 分位数等基本统计量，结果如表 3-5 所示。由表 3-5

可知，中温带、南温带、北亚热带、中亚热带、南亚热带青蒿的数量依次减少。

表 3-5   不同气候带中各样方套内青蒿总株数统计量

代码/气候带	个数	标准差	最小值	均值	最大值	1/4 分位数	中位数	3/4 分位数
Ⅱ中温带	200	13.84	1	12.25	60	3	6	17
Ⅲ南温带	828	11.38	1	11.23	60	3	7	15
Ⅳ北亚热带	176	8.31	1	7.30	47	2	4	9.25
Ⅴ中亚热带	430	11.46	1	9.56	60	2	5	12
Ⅵ南亚热带	11	4.39	2	5.36	13	2	3	9.5
Ⅶ北热带	4	4.43	2	6.75	11	3.5	7	10.25
H 高原气候区域	6	9.99	1	8.17	28	2.75	5.5	6.75

以不同气候带中各样方套内青蒿总株数的 1/4 分位数为下限、总株数的 3/4 分位数为上限（具体见表 3-5）；利用 ArcGIS、基于中国的行政区划边界，绘制不同气候带中各样方套内青蒿总株数的空间分布图，结果如图 3-26 所示。由表 3-5、图 3-26 可以看出，自然条件下生长在南温带、中亚热带、中温带的青蒿，其个体密度相对较大。

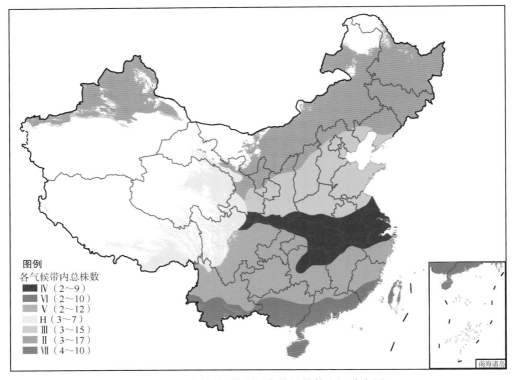

图 3-26   不同气候带范围青蒿总株数空间分布图

六、不同海拔梯度内各样方套中青蒿个体数量

（一）总株数概率分布

利用 R 语言的取子集功能，保留 95% 概率分布以内的数据。同时利用 R 语言的"小提琴图""缺口箱线、散点图、地毯图"绘图功能，对不同海拔梯度范围、各样方套内青蒿总株数的概率分布情况进行分析，结果如图 3-27、图 3-28 所示。由图 3-27、图 3-28 可以看出，各样方套内青蒿总株数，主要集中在 30 株以下，小于 20 株的偏多。

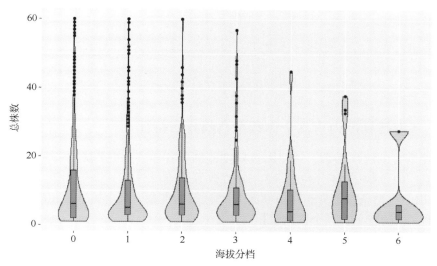

图 3-27　不同海拔梯度各样方套内青蒿总株数的小提琴图

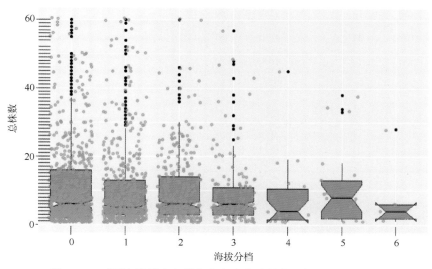

图 3-28　不同海拔梯度各样方套内青蒿总株数的箱线散点地毯图

（二）不同海拔梯度之间总株数的差异性分析

利用 R 语言的方差分析功能，对不同海拔梯度之间，总株数的差异性进行分析，结果显示：不同海拔梯度之间青蒿总株数没有显著性差异，各海拔梯度之间青蒿采样点样本数和总株数均值，具体如图 3-29 所示。

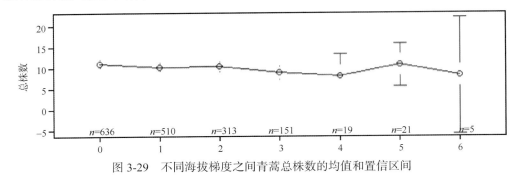

图 3-29   不同海拔梯度之间青蒿总株数的均值和置信区间

（三）各海拔梯度内青蒿个体数量空间分布特征

利用 R 语言的统计函数，计算海拔梯度范围、各样方套内青蒿总株数的最小值、最大值、均值、中位数、1/4 分位数、3/4 分位数等基本统计量，结果如表 3-6 所示。由表 3-6 可以看出，自然条件下分布在 1000m 以下区域的青蒿，其个体数量相对较多；分布在 1000m 以上区域的青蒿，其个体数量相对较少。

表 3-6   不同海拔梯度下各样方套内青蒿总株数统计量

海拔梯度	个数	标准差	最小值	均值	最大值	1/4 分位数	中位数	3/4 分位数	海拔分档
0	636	12.19	1	11.07	60	2	6	16	＜ 200
1	510	11.83	1	10.28	60	3	5	13	＜ 500
2	313	10.19	1	10.30	60	3	6	14	＜ 1000
3	151	9.77	1	8.89	57	3	6	11	＜ 1500
4	19	10.54	1	8.16	45	1.5	4	10.5	＜ 2000
5	21	11.17	1	10.76	38	2	8	13	＜ 2500
6	5	11.23	1	8.20	28	2	4	6	＜ 3000

以海拔梯度范围各样方套内青蒿总株数的 1/4 分位数为下限、总株数的 3/4 分位数为上限（具体见表 3-6）；利用 ArcGIS、基于中国的行政区划边界，绘制不同海拔梯度范围各样方套内青蒿总株数的空间分布图，结果如图 3-30 所示。可知，1000m 以下的区域青蒿数量较多。

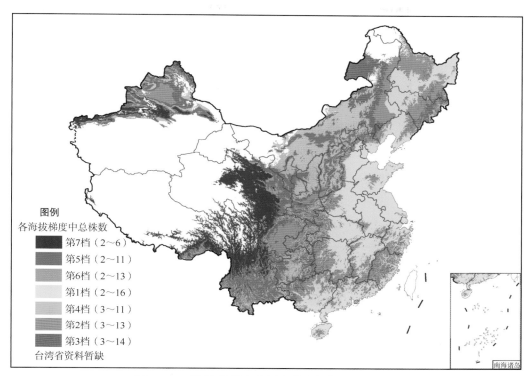

图 3-30 不同海拔梯度范围青蒿总株数空间分布图

第三节 适宜青蒿生长的生态环境特征

一、基于生态环境因素的全球青蒿生长适宜性区划

应用 ArcGIS 软件，以温度 13 ~ 29℃、降雨量 600 ~ 1300mm 为最适宜区；温度 10 ~ 13℃和 29 ~ 35℃，降雨量 300 ~ 600mm 和 1300 ~ 1500mm 为适宜区；温度小于 10℃或者大于 35℃、降雨量小于 300mm 或者大于 1500mm 为不适宜区。进行世界各地青蒿生态适宜性等级划分，结果如图 3-31 所示。

由图 3-31 可以看出：仅从气候条件角度出发，除南极洲以外，世界其他六大洲均有适宜青蒿分布的气候条件。

二、基于生态环境因素的中国青蒿生长适宜性区划

以上述条件为基础，以中国为研究区域，进行中国青蒿生态适宜性区划，结果如图 3-32 所示。由图 3-32 可知：北纬 34° 以南、东经 120° 以西、东经 100° 以东的区域为青蒿的最适宜生态区域。可知在我国最适宜青蒿的气候类型为亚热带湿润气候。

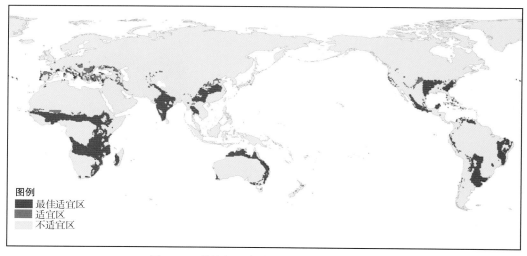

图 3-31　世界各地青蒿生态适宜性等级划分

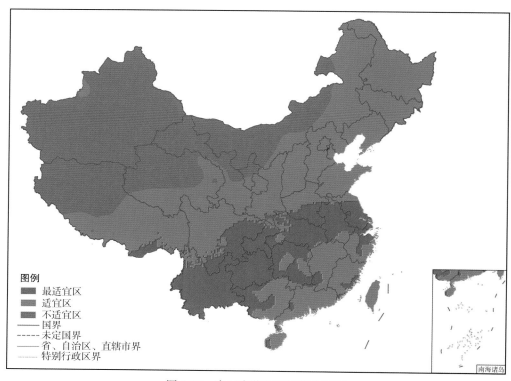

图 3-32　中国青蒿生态适宜性区划

鉴于中药青蒿所含的青蒿素对治疗疟疾有很好的疗效，青蒿素被 WHO 称为"有效的疟疾治疗药物"。广西是我国青蒿的主产地之一，为了加速青蒿产业化发展，更科学、更准确地指导广西的青蒿生产，2006 年广西壮族自治区科技厅设立课题，进行广西青蒿种植适宜区划研究，服务优质青蒿人工种植基地的选取。

本章以在广西种植青蒿，获取青蒿素为目标，从青蒿素含量与气候、地形之间的关系着手，利用青蒿素含量与生态环境因子之间的模型，进行广西青蒿品质区划研究，为青蒿种植最佳区域的选取提供科学依据。

结果显示：广西东南地势平缓海拔高度在 140m 以上的区域，广西西南地区海拔高度在 400m 以下的区域，广西北部海拔高度在 250m 左右的区域，为青蒿种植的适宜海拔高度范围。广西西南地势较低的丘陵、山地区域是种植青蒿的最佳区域，自然生态条件下青蒿中青蒿素含量较高；广西西北和广西东北山地较适宜，广西东南平原地区海拔较高的区域次之；广西东南平原地区海拔较低的区域和广西西南、广西东北、广西西北海拔较高的山地不适宜青蒿的人工种植，自然生态条件下青蒿中青蒿素含量较低。

第一节　广西青蒿样品采集和青蒿素含量测定

一、青蒿样品的采集

课题组 [100] 于 2006 年 9 月上旬，结合影响青蒿素含量的自然生态因素、广西的自然地理状况，以及青蒿采收的实际工作经验，按照要求对青蒿样品进行采集。具体规范要求如下：①采集时间为晴天的中午 12 时至 16 时，每个样地采集 5 株青蒿全草。②采用线路调查法，在不同区域及海拔高度设置采样点，采集青蒿样品。采样地选取远离人工青蒿种植地，光照条件好的地点。③采集的部位为青蒿的叶片、花蕾以及嫩枝。④将地上部分割下后，采取自然晒干的方法进行晾晒。晾晒时，根据阳光的强弱，适时进行翻动。⑤记录采集地点经纬度、海拔及生物量等数据。

分别在广西的西南、西北、东北、东南青蒿分布较多的区域，共选取 31 个有代表性的野生青蒿样地，共采集 155 株青蒿全草。实地测量获得每个样地的位置、地形数据等信息，包括：采样地的经度、纬度、坡度、海拔高度和坡向等，具体数据见表 4-1。

二、青蒿素含量的测定

青蒿样品晒干后，采用柱前衍生 RP-HPLC 法，测定青蒿中青蒿素的含量。Agilent-1100 分析型高效液相色谱仪，采用 ZORBAX XDB-C18（4.6mm×150mm，5μm）色谱柱，甲醇 0.01moL/L 醋酸钠 - 醋酸缓冲液（pH=5.8，体积比 62 ：38）为流动相；检测波长：260nm；流速：0.8mL/min；柱温：30℃。31 个样地的青蒿素含量见表 4-1。

表 4-1　青蒿样品位置和青蒿素含量（%）

样方	地名	含量均值（%）	经度（°E）	纬度（°N）	样方	地名	含量均值（%）	经度（°E）	纬度（°N）
1	都安	0.77	108.11	23.93	18	融安	0.53	109.46	25.34
2	地苏	0.91	108.05	23.94	19	永福	0.64	110.02	25.06
3	大化	0.86	108.02	23.73	20	永福 *	1.02		
4	崇左	0.93	107.05	22.41	21	贺州	0.55	111.61	24.39
5	大新	0.72	107.24	22.86	22	梧州	0.4	111.57	23.99
6	平果	0.87	107.56	23.33	23	岑溪	0.4	111.07	23.09
7	田林	0.59	105.97	24.55	24	玉林	0.58	110.3	22.7
8	凤山	0.78	107.03	24.57	25	北海	0.41	109.15	21.45
9	河池	0.59	108.1	24.7	26	钦州	0.38	108.62	21.96
10	天峨	0.75	107.82	25.03	27	兴安	0.67	110.66	25.64
11	天峨	0.64	107.23	24.94	28	桂林 *	0.93		
12	柳州	0.71	109.51	24.39	29	来宾	0.32	109.21	23.75
13	阳朔	0.87	110.48	24.79	30	宾阳	0.46	108.88	23.37
14	全州	0.8	110.82	25.82	31	南宁	0.94	108.58	22.98
15	全州	0.67	110.89	25.88	32	扶绥	0.49	107.95	22.74
16	全州	0.63	111.03	25.8	33	宜州	0.51	108.37	24.71
17	龙胜	0.62	110.03	25.78	34	桂林 *	1.03		

注：* 为人工栽培样地

三、样地间青蒿素含量差异性分析

（一）描述分析

用 Excel 对各样地青蒿素含量数据进行整理，并以二维表的格式存储。以每 1 株青蒿个体为 1 条记录作为行，以采样地的编号、经度、纬度、样地名称、青蒿素含量等指标作为列。对 31 个样地的青蒿素含量排序后，青蒿素含量变化，具体如图 4-1 所示。

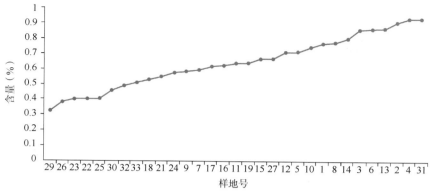

图 4-1　青蒿样地的青蒿素含量变化曲线图

由图 4-1 可以看出，31 个样地间的青蒿素含量差异显著，青蒿素含量最低的为 0.32%，青蒿素含量最高的为 0.94%，青蒿素含量最小值和最大值之间相差 0.62%。

用 SPSS13.0 统计软件的"探索描述"功能，对 31 个样地的青蒿素含量进行正态性检验，结果显示：Shapiro-Wilk 统计量 =0.966，P=0.423 > 0.05，说明 31 个样地的青蒿素含量服从正态分布，青蒿素含量连续变化，可以用统计学的方法对其进行分析。

（二）方差分析

用 SPSS13.0 统计软件的"单因素方差"功能，对 31 个样地 155 株青蒿中的青蒿素含量进行方差分析。结果显示：F=12.766 > F（1，154）=11.38，P=0.000 < 0.05，说明广西地区 31 个样地青蒿素含量之间的差异有统计意义，各样地间的青蒿素含量存在显著性差异。统计分析结果如表 4-2 所示。

表 4-2　31 个样地青蒿素含量（%）的统计报表

样方	均值	标准差	最小值	最大值	样方	均值	标准差	最小值	最大值
1	0.77	0.13	0.59	0.93	17	0.62	0.16	0.44	0.87
2	0.91	0.07	0.80	0.99	18	0.53	0.13	0.38	0.69
3	0.86	0.11	0.68	0.95	19	0.64	0.09	0.56	0.78
4	0.93	0.07	0.85	1.00	21	0.55	0.15	0.34	0.72
5	0.67	0.16	0.41	0.84	22	0.40	0.08	0.30	0.51
6	0.87	0.13	0.71	1.00	23	0.40	0.06	0.33	0.47
7	0.59	0.12	0.41	0.72	24	0.58	0.08	0.49	0.66
8	0.78	0.02	0.76	0.81	25	0.41	0.11	0.34	0.59
9	0.59	0.10	0.48	0.70	26	0.38	0.10	0.22	0.44
10	0.75	0.12	0.55	0.84	27	0.67	0.16	0.55	0.94
11	0.64	0.12	0.48	0.78	29	0.32	0.11	0.22	0.45
12	0.71	0.19	0.59	1.04	30	0.46	0.09	0.35	0.60
13	0.87	0.19	0.63	1.03	31	0.94	0.06	0.90	1.03
14	0.80	0.05	0.77	0.89	32	0.49	0.10	0.34	0.63
15	0.67	0.08	0.52	0.73	33	0.51	0.06	0.43	0.59
16	0.63	0.06	0.56	0.69	总体	0.64	0.22	0.22	1.06

注：20、28 和 34 号样地为人工种植基地，未使用

第二节　基于广西气候的青蒿品质区划

课题组[100]通过对广西地区的青蒿素含量与气候因子之间的相关分析，明确广西气候条件下影响青蒿素含量变化的主要气候因子。据此进行相应的空间分析，明确广西地区气候条件下青蒿素含量的空间分布情况。并以此为依据进行气候适宜性区划，为广西地区优质青蒿种植区域的选取提供科学依据。

一、气候数据

气候数据从离采样地最近的气象站获得，包括2006年青蒿生长周期内2～9月份的月平均最高温度、月平均最低温度、月平均温度、月平均降雨量、月平均相对湿度、月平均风速和月平均日照时数共56项。

考虑到气象因子之间的相互作用，计算了各月温度与降雨量的交互作用：降水系数（降雨量／温度）和温降系数（温度×降雨量）；各月温度与日照时数的交互作用：温日系数（温度×日照时数）；共72个气象因子指标。

二、青蒿素含量与气候因子之间的关系

选取青蒿生命周期内2～9月份的月平均最高温度、月平均最低温度、月平均温度、月平均降雨量、月平均相对湿度、月平均风速和月平均日照时数作为气象因子与青蒿素含量进行相关分析和回归分析。

（一）相关分析

用SPSS13.0统计软件的"相关分析"功能，基于表4-1中31个样地中155株青蒿个体内的青蒿素含量，及对应位置72个气象因子之间的相关性分析，结果如表4-3所示。

表4-3　青蒿素含量与各月气象因子之间的相关性分析的 P 值

气象因子	2月	3月	4月	5月	6月	7月	8月	9月
降雨量	0.005	0.006						
相对湿度	0.010	0.009	0.003				0.000	
月最高温	0.000	0.001	0.007	0.000		0.000	0.000	0.002
月最低温	0.000		0.000	0.000			0.009	
平均温度					0.001	0.012	0.016	
日照时数					0.001		0.047	0.001
降水系数							0.000	
温降系数	0.000	0.000					0.000	
温日系数			0.040	0.026		0.000		0.005

（二）回归分析

用 SPSS13.0 统计软件的"多元逐步回归分析"功能，对 25 个与青蒿素含量相关性较大的气象因子进行多元逐步回归分析，构建青蒿素含量与气象因子之间的关系模型，设定进入变量的概率值为 0.05，剔除变量的概率值为 0.1。

通过对 25 个与青蒿素含量相关性较大的气象因子进行多元逐步回归计算，求得青蒿素含量与气象因子之间的逐步回归模型为：

$$Y = -1.885 + 0.04X_1 - 0.00189X_2 + 0.00065X_3 + 0.0001578X_4 - 0.032X_5 - 0.0000759X_6 - 0.0000517X_7 + 0.072X_8 + 0.00184X_9 - 0.0000548X_{10}$$

（Y：青蒿素含量。X_1：2 月份湿度、X_2：2 月份降雨、X_3：2 月份温日系数、X_4：3 月份温降系数、X_5：4 月份湿度、X_6：4 月份温日系数、X_7：5 月份温日系数、X_8：8 月份最低温度、X_9：8 月份日照时数、X_{10}：8 月份温降系数）。

对模型进行显著性检验：查 F 表有 $F_{0.05}$（10，144）=1.89 ＜ F=14.621，P=0.000 ＜ 0.05，说明方程效果显著，可以投入使用。

从模型中可以看出：温度、湿度、降雨量和日照时数及温度、降雨量、日照时数之间的交互作用对青蒿素的含量有一定影响。其中 2 月份的气象因子有 3 个、3 月份的气象因子有 1 个、4 月份的气象因子有 2 个、5 月份的气象因子有 1 个、8 月份的气象因子有 3 个。

对回归方程中的气象因子数据进行 0～1 标准化处理后，对回归方程进行修正，得到：

$$Y_1 = 0.353 + 0.835X_1 - 0.268X_2 + 0.63X_3 + 0.415X_4 - 0.569X_5 - 0.278X_6 - 0.154X_7 + 0.253X_8 + 0.145X_9 - 0.725X_{10}$$

（Y_1：青蒿素含量。X_1：2 月份湿度、X_2：2 月份降雨、X_3：2 月份温日系数、X_4：3 月份温降系数、X_5：4 月份湿度、X_6：4 月份温日系数、X_7：5 月份温日系数、X_8：8 月份最低温度、X_9：8 月份日照时数、X_{10}：8 月份温降系数）

三、气象因子对青蒿素含量的影响

回归模型共筛选到 14 个影响青蒿素含量的气象指标，其中：温度 5 个、日照时数 4 个、降雨量 3 个、湿度 2 个。可见温度、日照时数和降雨量及其交互作用是影响青蒿中青蒿素含量的主要气象因子。

由模型 Y_1 可知，2、8 月份的气象因子对青蒿素含量的影响较大。广西地区的青蒿在 2 月末、3 月初正处于萌发出芽期；8 月份为花期，也是青蒿的采收期，青蒿素含量达到最高。说明幼苗期和花期的气象因子对青蒿素含量的影响最大。

（一）温度对青蒿素含量的影响

广西地区青蒿素含量与采样地 7、8 月份最高温度的平均值和月平均温度都显著负相关，说明温度过高不利于青蒿素的合成和积累；青蒿素含量与 7、8 月份的最低平均温度显著正相关，通过模型可知，提高 8 月份最低温度的平均值可以提高青蒿中青蒿素的含量。

（二）日照时数对青蒿素含量的影响

由于地面和大气的热量均来自太阳辐射，北回归线横贯广西全境，夏至日阳光直射北回归线，此时北半球最热，日照长度最长。广西地区热月太阳高度角较大，区域内温度与日照时数显著正相关，随着日照时数的增加，地面和大气的温度均随之升高。

广西地区青蒿中青蒿素含量与 6、8 和 9 月份的日照时数显著负相关，说明广西地区日照时间较长，不利于青蒿中青蒿素的合成和积累。

受太阳辐射的影响，广西地区日照时数较长的区域，区域内温度较高。过高温度不利于青蒿中青蒿素的合成和积累，受温度和日照时数的共同影响，使广西地区日照时数较长、温度相对较高区域内的青蒿中青蒿素含量较低。

（三）降雨量对青蒿素含量的影响

青蒿素含量与采样地 2、3、8 月份的降雨量和 3、4 月份的相对湿度显著负相关（$P=0.01$）。由于青蒿处于苗期（2、3 和 4 月份）和花期（8 月份）时青蒿植株生长缓慢，植物对水的需求量较小。可知苗期和花期降雨量小，有利于青蒿中青蒿素的合成和积累。

（四）其他生态环境因素与气候因素的综合影响

根据文献资料显示，青蒿最佳生长海拔高度因区域而异，在我国青蒿主要分布于 400m 以下的地区[29]，在越南为 50～500m，在坦桑尼亚和肯尼亚则为 1000～1500m[30]。由于坦桑尼亚和肯尼亚处于赤道地区，区域内温度较越南和中国高，而且最佳生长海拔也较越南和中国高。因为光照强度、温度和降雨量受海拔高度的影响均存在垂直分布，而且随着海拔高度的增加，光照强度增加、温度降低、降雨量减小[101]。由于热带地区青蒿最佳生长区域海拔较亚热带高，提示区域内青蒿素含量可能存在垂直分布规律。因此，进行青蒿人工种植时，不但要考虑气候因素对青蒿素含量的影响，而且要考虑地形因素对气候的影响，地形对青蒿素含量的间接影响。

综合考虑光照、温度和降雨量对青蒿素含量的影响，可知花期时处于光照强度较高、温度相对较低、降雨量较小的区域内的青蒿中青蒿素含量较高，说明花期时晴朗干燥的天气有利于青蒿中青蒿素含量的合成和积累。如何处理好光照和温度的矛盾关系是进行青蒿人工种植时要充分考虑的因素。

四、广西青蒿种植气候适宜区等级区划

（一）青蒿素含量空间估计

应用 ArcGIS 软件中地理空间分析模块下的空间插值功能，根据 31 个采样地的经纬度值，在广西地图上确定采样地的地理位置，结果如图 4-2 所示。

根据采样点所在地的地理位置，应用 ArcGIS 软件中的地理空间分析模块下的空间插值功能，对回归方程筛到的 10 个气象指标进行空间插值（2 月份湿度、2 月份降雨、2 月份温日系数、3 月份温降系数、4 月份湿度、4 月份温日系数、5 月份温日系数、8 月份最低温度、8 月份日照时数和 8 月份温降系数）。用 ArcMap 功能模块中的空间分析功能，根据回归方程对各区域内气象因子影响下的青蒿素含量进行空间计算，并以图形的形式输出，结果如图 4-2 所示。

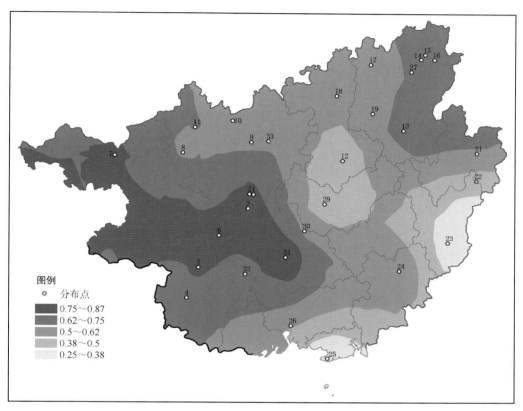

图 4-2　基于气候因素的青蒿素含量等级分布图

（二）青蒿素气候适宜性等级划分

根据青蒿素的含量对广西地区进行气候适宜性区划，其中青蒿素含量＜ 0.5% 的区域为不适宜区，青蒿素含量在 0.5% ～ 0.75% 之间的区域为适宜区，青蒿素含量＞ 0.75% 的区域为最适宜区。

从图 4-2 可以看出，受气候的影响桂东北的桂林市境内、桂西南的南宁市和百色市境内左、右江、红水河附近的青蒿中青蒿素含量较高，青蒿中青蒿素含量可以达到 0.75% 以上，超过工业提取最低要求，是青蒿人工种植的最适宜区域。

桂中盆地柳州市附近的平原地区、桂东的梧州市境内的浔江平原地区和桂南部北海市沿海地区青蒿中青蒿素含量最低，青蒿中青蒿素含量在 0.5% 以下，达不到工业提取最低标准，不具有工农业生产的可行性，不适宜人工种植青蒿。

其他区域青蒿中青蒿素含量均在 0.5% ～ 0.75% 之间，为适宜区。

五、广西青蒿各区划等级的气候特征

结合广西地形特点，桂东北和桂西南丘陵、山地海拔较高的区域是青蒿人工种植的最适宜区域；桂中和桂东南平原地区是青蒿人工种植的不适宜区；平原向山地的过渡地带是青蒿人工种植的适宜区域。

由于广西地区，青蒿生长周期内2月份到9月份的温度、降雨量和日照时数对青蒿素含量的影响最大，尤其是采收期内的气象因子，因此提取各区域内2月份到9月份和采收期内的气象因子的平均值。结果如表4-4。

表4-4　各区域内的气象因子

区域	2～9月份			采收期			
	T	R	S	MT	T	R	S
最适宜区	22.8	159.9	119.1	24.8	28.0	204.3	168.1
适宜区	23.3	167.5	121.2	24.4	28.0	253.8	171.7
不适宜区	23.9	179.1	133.4	23.3	28.5	287.6	188.7
广西全区	23.2	166.4	122.4	24.4	28.1	240.1	172.8

注：T：月均温（℃），R：月降雨量（mm/m^2），S：月日照时数（h/m^2），MT：月最低温（℃）

由于青蒿素含量与月平均温度、月最高温度平均值均负相关，与月最低温度平均值正相关，可知采收期24.8～28.0℃为青蒿素合成和积累的最适宜温度范围，对比3个区域内月平均温度和月最低温度平均值之间的温差可知，最适宜区域内的温差较小。最适宜区域内的降雨量和日照时数均最小，不适宜区域的均最大。

综上，通过对广西地区青蒿素含量与气象因子之间的关系研究发现：温度、湿度、降雨量和日照时数及其交互作用对青蒿素的含量有一定影响，温度和日照时数对青蒿素含量的影响最大，降雨量次之，湿度较小，风速对青蒿素含量的影响不明显，具体结果如下：

采收期24.8～28.0℃是广西地区青蒿素合成和积累的最适宜温度范围，过高的温度不利于青蒿素的合成和积累。采收期日照时数较少，有利于广西地区青蒿中青蒿素的合成和积累。广西地区青蒿处于苗期和采收时，区域内降雨量较小有利于青蒿素的合成和积累。

第三节　基于广西地形的青蒿品质区划

地形是影响中药材分布、产量和质量的重要因素之一。本节通过对广西地区青蒿中的青蒿素含量与海拔高度、坡度等地形因子之间的关系研究，明确青蒿素含量受地形影响的空间变化规律。

一、青蒿素含量和地形数据

课题组[14]于 2006 年 9 月上旬，在实地调查获取青蒿药材样品的同时，记录每个样地的地形数据，包括：采样地的经度、纬度、坡度、海拔高度和坡向等。31 个样地的具体地形数据如表 4-5 所示。

表 4-5 青蒿样品所在位置地形和青蒿素含量

样方	地名	含量均值（％）	坡度（°）	海拔（m）	坡向	地形描述
1	都安	0.77	5	199	西南	山地
2	地苏	0.91	35	159	西南	山地
3	大化	0.86	15	172	西北	山地
4	崇左	0.93	10	117	西北	山地
5	大新	0.72	5	241	北	山间平地
6	平果	0.87	0	127	—	丘陵
7	田林	0.59	5	614	东北	山地
8	凤山	0.78	3	505	东南	山间平地
9	河池	0.59	10	217	西北	山地
10	天峨	0.75	15	382	东北	山地
11	天峨	0.64	10	238	西南	丘陵
12	柳州	0.71	3	79	东	山地
13	阳朔	0.87	40	141	东	山地
14	全州	0.8	8	189	东	山间平地
15	全州	0.67	5	187	西北	山间平地
16	全州	0.63	6	226	东南	山间平地
17	龙胜	0.62	38	242	东	丘陵
18	融安	0.53	8	195	东	丘陵
19	永福	0.64	0	161	—	平地
21	贺州	0.55	10	154	东北	山间平地
22	梧州	0.4	15	125	北	丘陵
23	岑溪	0.4	10	134	西南	丘陵
24	玉林	0.58	30	110	东南	山地
25	北海	0.41	2	19	东南	平地
26	钦州	0.38	0	21	—	平地
27	兴安	0.67	2	244	西北	山间平地
29	来宾	0.32	5	91	北	平地
30	宾阳	0.46	5	99	西南	平地
31	南宁	0.94	5	96	东南	丘陵
32	扶绥	0.49	20	97	西南	山地
33	宜州	0.51	3	21	东北	山间平地

二、不同地形条件下青蒿素含量差异性分析

由前文分析可知，31 个样地间的青蒿素含量存在显著差异，应用 ArcGIS 基于广西 DEM 数据和各采样地位置信息，生成广西各地海拔高度的空间分布图，进行采样点海拔高度和地形关系分析，结果如图 4-3 所示。由图 4-3 可以看出，采样地在广西高、中、低海拔地区均有分布，采样地的地势由西北向东南倾斜。

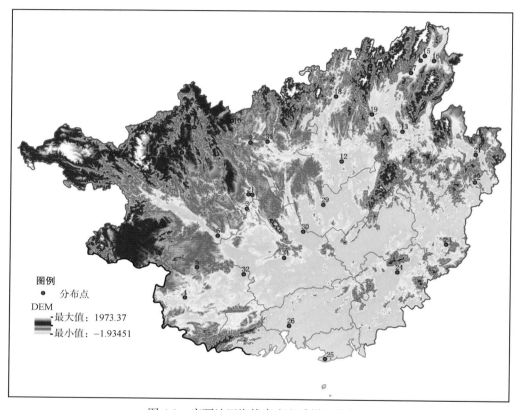

图 4-3　广西地区海拔高度和采样地分布图

为明确不同地形条件下青蒿素含量的变化情况，按表 4-5 各采样地的地形特征对 31 个样地进行分组，地形特征描述如表 4-6 所示。地形地貌特征描述为山地的为一组，山间平地的为一组，丘陵的为一组，平地的为一组。

对上述 4 组样地的青蒿素含量进行方差分析结果显示：不同地形条件下的青蒿素含量之间存在显著性差异（$P=0.015 < 0.05$），说明地形对青蒿素含量的地理变异有影响。

分布于陡峭山坡内的青蒿素含量最高，青蒿素含量明显高于生长在平地的，山间平地和丘陵地区内的次之，低平区域内的青蒿素含量最低，不同地形条件下的青蒿素含量如表 4-6 所示。

可见，生长在海拔较高、坡度较大的丘陵、山地区域内的青蒿，青蒿素含量高于生长在海拔较低、坡度较小的平原区域内的。

表 4-6 不同地形条件下青蒿素含量变化

组分	坡度均值（°）	海拔高度均值（m）	青蒿素含量均值（%）
山地组	17.09	207.91	0.73[a]
山间平地组	5.25	245.25	0.67[a]
丘陵组	12.29	165.28	0.63[a]
平地组	2.40	78.20	0.44[b]
总体	10.58	187	0.64

注：同一列上角不同角标代表差异显著

三、不同地形条件下青蒿素含量变化规律

（一）各地形因子对青蒿素含量的影响

对采样地的经度、纬度与海拔高度进行相关分析，结果显示，海拔高度与经度显著负相关，海拔高度与纬度正相关。对青蒿素含量与海拔高度、坡度进行相关分析结果显示，青蒿素含量和海拔高度、坡度之间相关性显著，结果如表 4-7 所示。

表 4-7 青蒿素含量和海拔高度、坡度的相关性

	青蒿素含量	坡度	海拔
皮尔逊相关系数	1	0.180[*]	0.174[*]
假设检验		0.025	0.030
样本数	155	155	155

注：* 在显著性水平 0.05 下相关性显著

由上述分析知，地形对青蒿素含量有影响，生长在海拔较高、坡度较大的丘陵、山地区域内的青蒿，青蒿素含量高于生长在海拔较低、坡度较小的平原区域内的。

（二）青蒿素含量和海拔高度之间的关系分析

应用 Excel 对 31 个样地的青蒿素含量和海拔高度做散点图、拟合曲线，结果如图 4-4。

从图 4-4 上可以看出，青蒿素含量与海拔之间有一定规律性。但规律较复杂，空间地理位置邻近的样地，在图 4-4 中处于同一区域和组内。

以图 4-4 为基础，将样地在水平空间上分成 4 个区域，结果如图 4-5 所示。

由图 4-4 和图 4-5 可以看出，不同区域内青蒿素含量随海拔的变化规律不同。第 1、4 组各样地的青蒿素含量变化与海拔有关，但变异规律相反，青蒿素在第 1 组内随海拔增加而降低，第 4 组随海拔增加而增加。而 2、3 组青蒿素含量随海拔高度的增加变化不明显。

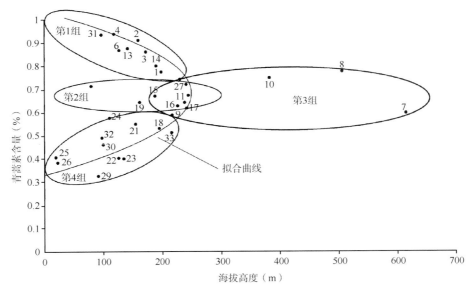

图 4-4　青蒿素含量和海拔高度之间的散点图及拟合曲线

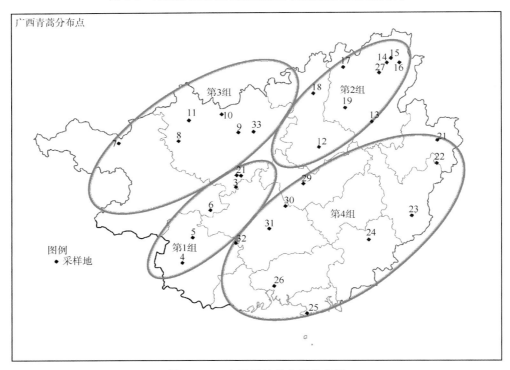

图 4-5　31 个采样地的空间分布图

（三）青蒿素含量和海拔高度之间的关系模型

用 SPSS13.0 统计软件对青蒿素含量和海拔高度进行回归分析，构建得到青蒿素含量和海拔高度之间的关系模型为：

$Y_1 = 0.682 \pm \sqrt{0.125 - 0.000502 \times X_1}$（$X_1 \in$（0，249]，$Y_1$：青蒿素含量，$X_1$：海拔高度）

对模型进行显著性检验：查 F 表有 $F_{0.05}$（2，28）=3.34 ＜ F=5.998、P=0.010 ＜ 0.05，说明方程效果显著，可以投入使用。由模型 Y_1 可知拐点出现在海拔高度为 249m 处。海拔高度在 249m 左右的青蒿素含量为 0.682%。

从图 4-5 中可以看出，第 2、3 组区域内青蒿素含量随海拔高度虽然变化规律不明显，但青蒿素含量均在 0.682% 左右。由于模型中需要进行开方计算，正负号的使用范围不能确定，有必要分区域分别研究各个区域内青蒿素含量与海拔之间的关系。

四、不同区域内青蒿素含量变化规律

（一）青蒿素含量在区域间的差异性分析

上文研究证实，青蒿素含量可能存在一定的空间自相关性，并认为广西青蒿可按青蒿素含量初步分为 4 个区域。为明确广西地区不同区域内青蒿素含量的差异性和青蒿素含量在不同区域内的变化规律。在保持采样地地形特征相近、采样地在区域内连续分布和青蒿素含量随海拔高度变化规律明显性的原则下，即采样地的地理位置临近和采样地在散点图上位置临近的原则，对 31 个样地进行重新分组，进一步分析不同区域内青蒿素含量和地形因子之间的关系。

对 31 个样地的分组结果如下，第 1 组包括：1、2、3、4、5、6、和 31 号样地，位于桂西南的大明山和十万大山以西的地区（31 位于大明山西坡和曲线的上部分，所以归在第 1 组）；第 2 组包括：12、13、14、15、16、17、18、19 和 27 号样地，位于桂东北南岭西北（13、14、18 地理位置位于桂东北，所以归在第 2 组）；第 3 组包括：7、8、9、10、11 和 33 号样地，位于桂西北云贵高原西南（33 地理位置位于桂西北）；第 4 组包括：21、22、23、24、25、26、29、30 和 32 号样地，位于桂东南的平原地区。31 个采样地的空间分布，见图 4-5。

对以上 4 组样地的青蒿素含量进行方差分析：F=27.337 ＞ F（1，30）=4.17，P=0.000 ＜ 0.05，说明分布于各区域内的青蒿，青蒿中青蒿素的含量存在显著的差异。各组青蒿素含量如表 4-8 所示。

表 4-8　各区域的青蒿素含量

分组	青蒿素含量（％）	经度（°E）	纬度（°N）
第 1 组	0.86[a]	107.80	23.31
第 2 组	0.68[b]	110.28	25.36
第 3 组	0.64[b]	107.42	24.75
第 4 组	0.47[c]	109.90	23.31
总体	0.64	109.04	24.11

注：同一列上角标代表差异显著

应用 Excel 对各区域内青蒿素含量变化情况进行分析，结果如图 4-6 所示。通过表 4-8 和图 4-6 可以看出：

第 1 组，桂西南地区内的青蒿素含量与其他 3 个地区的差异性显著；第 2 组，桂东北山地区域内的青蒿素含量与第 1、4 区域的差异性显著；第 3 组，桂西北山地区域内的青蒿素含量与第 1、4 区域的差异性显著；第 4 组，桂东南平原区域内的青蒿素含量与其他 3 个区域的差异性显著。

青蒿素含量的空间分布特征表现为：桂西南地区青蒿素含量最高，桂东北和西北地区次之，桂东南地区最低。

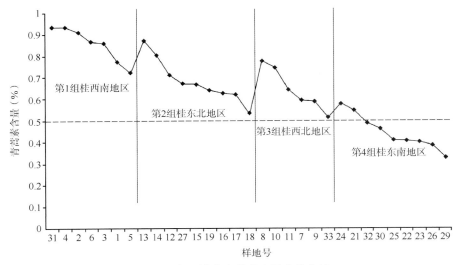

图 4-6　各区域内青蒿素含量变化曲线

（二）基于地形因子的青蒿素含量的空间分布特征

对第 1 组的青蒿素含量与地形因子之间的相关分析，结果显示：青蒿素含量与海拔高度显著负相关，相关系数为 –0.6，P=0.00 < 0.01；与坡度正相关，与其他因子的相关性较小。通过对青蒿素含量与地形因子之间的多元回归计算，求得青蒿素含量与海拔之间的逐步回归模型为：Y_2=1.096 － 0.0015X_2（X_2：海拔高度）。对模型进行显著性检验：查 F 表有 $F_{0.05}$（1，34）=4.17 < F=18.549，P=0.000 < 0.05，说明多元线性回归方程效果显著，可以投入使用。

对第 2 组的青蒿素含量与地形因子之间的相关分析，结果显示：青蒿素含量与海拔之间负相关，与坡度正相关，与其他因子的相关性较小。经过计算，没有得到回归模型。

对第 3 组各采样地的青蒿素含量与地形因子之间的相关分析，结果显示：青蒿素含量与海拔之间正相关，与坡度正相关，与其他因子的相关性较小。经过计算，没有得到回归模型。

对第 4 组的青蒿素含量与海拔高度、坡度之间的相关分析，结果显示：青蒿素含量与海拔之间显著正相关，相关系数为 0.515，P=0.000 < 0.05；与坡度正相关；与其他因子的相关性较小。通过对青蒿素含量与地形因子之间的多元回归计算，求得青蒿素含量与海拔之间的逐步回归模型为：Y_3=0.339+0.00117X_3（X_3：海拔高度）。对模型显著性检验：查 F 表有 $F_{0.05}$（1，49）=4.08 < F=17.302，P=0.000 < 0.05，说明多元线性回归方程效果

显著，可以投入使用。

青蒿素含量，在水平方向上的空间分布规律为：桂西南丘陵、山地区域内的青蒿素含量最高，桂东北山地次之，桂西北云贵高原边缘区域内的较低，桂东南平原地区的最低。

青蒿素含量，在垂直方向上分布规律为：丘陵、山区的低海拔区域内的青蒿素含量最高，青蒿素含量随海拔高度的增加而减少，随坡度的增加而增加。

综上所述可知，平原地区海拔较高、坡度较大的区域青蒿素含量最高，青蒿素含量随海拔高度和坡度的增加而增加。

（三）模型的预测

由于模型 Y_1 中根号下的数值小于 1，模型 Y_2 中青蒿素含量随海拔高度的增加而减少，模型 Y_3 中青蒿素含量随海拔高度的增加而增加，所以模型 Y_1 开平方后，取正值的实用区域是桂西南地区，负值的实用区域是桂东南地区。

由于模型 Y_1 中海拔高度的取值范围是 0 ～ 249m，可以预测，桂西南地区青蒿素含量的变化范围是 0.68% ～ 1.033%，桂东南地区青蒿素含量的变化范围是 0.328% ～ 0.682%。海拔高度对北部山区青蒿素含量变化的影响不明显，但由图 4-6 可以看出桂北山地青蒿素含量均在 0.5% 以上。可以预测在桂北山地海拔高度 250m 左右的区域，均可以获得有价值的青蒿原料。

由图 4-6 可以看出，桂东南低海拔地区青蒿含量相对较低。基于广西 DEM 数据和模型 Y_3，估算预测广西地区各地青蒿素含量，结果如图 4-7 所示。

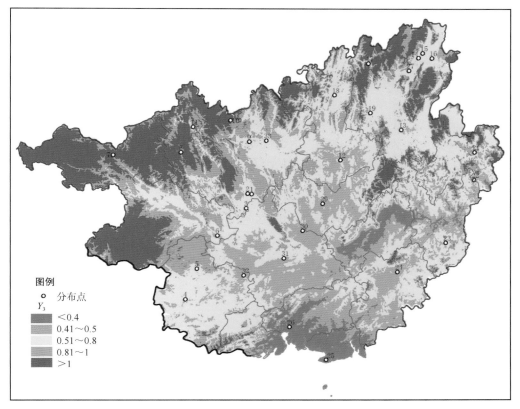

图 4-7 广西壮族自治区青蒿素含量等级分布图

由图 4-7 和模型 Y_3 可知：桂东南海拔较低的区域内青蒿素含量较低，受海拔高度的影响，分布于 140m（为方便使用和记忆取 137m 为 140m）以下区域内的青蒿，青蒿中青蒿素含量低于工业提取最低要求 0.5%。如果拟在该区域内选择基地进行青蒿的人工种植，需要谨慎考虑，进一步深入研究。

综上所述可知：提示在广西地区，从小区域出发研究青蒿素含量与地形因子之间的关系，比从大尺度研究更能揭示青蒿素含量的空间分布特征。桂东南地势平缓区域海拔高度在 140m 以上，桂西南陡峭山地海拔高度在 400m 以下，桂北海拔高度在 250m 左右的区域均是青蒿人工种植的适宜区域。

五、广西地区青蒿素含量与地形因子的关系特征

（一）青蒿素含量与地形因子之间的关系

青蒿素含量与海拔高度和坡度之间的关系显著，生长在海拔较高、坡度较大的丘陵、山地区域内的青蒿，青蒿素含量高于生长在海拔较低、坡度较小的平原区域内的。在南部地区海拔高度对青蒿素含量的影响较北部大。北部地区地形复杂"小地形""小气候"特征明显，从小尺度范围内研究青蒿的生态适宜性，更能得到较显著的效果。

（二）青蒿素含量的空间分布规律

从小区域出发研究青蒿素含量与地形因子之间的关系，比从大尺度研究更能揭示青蒿素含量的空间分布特征。

水平方向上分布规律是：桂西南丘陵、山地区域内的青蒿素含量最高，桂东北山地次之，桂西北云贵高原边缘区域内的较低，桂东南平原地区的最低。

垂直方向上分布规律是：丘陵、山区的低海拔区域内的青蒿素含量最高，青蒿素含量随海拔高度的增加而减少，随坡度的增加而增加。平原地区海拔较高、坡度较大的区域青蒿素含量最高，青蒿素含量随海拔高度和坡度的增加而增加。

综上，桂西南地势较低的丘陵、山地区域是种植青蒿的最佳区域，桂西北和桂东北山地较适宜，桂东南平原地区海拔较高的区域次之，桂东南平原地区海拔较低的区域，桂西南、桂东北、桂西北海拔较高的山地不适宜青蒿的人工种植。

（三）各区域内青蒿种植的适宜海拔高度范围

桂东南平缓区域地海拔高度在 140m 以上的区域，桂西南地区海拔高度在 400m 以下的区域，桂北海拔高度在 250m 左右的区域。

第四节　广西青蒿品质区划模型的验证

前文通过对广西全境青蒿素含量的研究，分析了影响青蒿素含量的主要因素，建立了估算青蒿素含量的逐步回归模型。为了验证模型的科学性、准确性和有效性，采用抽

样检验的国家标准，对广西青蒿素含量估算模型进行验证。

一、样品采集

为了验证模型的准确性和科学性，范振涛等[102]按照前文的方法，于2007年对广西全境进行了另一次不同地点的野生青蒿资源调查及样本采集。共采集了32份青蒿样品。

二、验证方法

根据国家标准《计数抽样检验程序》GB/T2828.1，进行青蒿素估算结果验证。GB/T2828.1属于计数调整型抽样检验。有关名词解释和概念如下：AQL（接收质量限），当一个连续系列批被提交验收抽样时，可允许的最差过程平均水平。它是对生产方的过程质量提出的要求，是允许的生产过程平均的最大值。抽样方案（n，Ac），即样本量n和用来判定接受与否的接受数Ac。AQL的确定需要综合考虑承诺品特性的重要程度，根据产品的不合格分类规定。

针对基于青蒿素含量估算模型，以结果中每个地点的青蒿素含量作为1个样本，按照与实际采集样本的青蒿素检测结果的一致与否，作为合格与不合格的标准。即实际检测结果与区划结果符合，认为"产品"合格，反之认为不合格，进而判断估算模型是否可以通过检验。

针对本研究，根据广西青蒿研究进展，以及实地工作经验，确定AQL为4.0%，即要求最大不合格品率不超过4.0%。根据抽样标准GB/T2828.1，可以得出抽样检验方案为（32，4），即对32个样本进行检验，允许不合格数为4。

三、验证结果

课题组共选取32个地点的青蒿素含量数据，与区划结果进行比较，和区划结果相符计为"合格"，反之则为"不合格"，验证结果如表4-9。在本次采集的32个样本中，28个均为合格，有凭祥、宾阳、陆川、武宣4个样本不合格，达到了国标GB/T2828.1对生产方的过程质量提出的要求，可以判定该模型通过验证，模型可靠，可以在今后生产中使用。

表4-9　广西青蒿素含量等级分布结果检验

No.	地点	实测结果	区划结果	检验结果	No.	地点	实测结果	区划结果	检验结果
1	贺州	0.53	0.50～0.62	合格	6	扶绥	0.48	0.38～0.50	合格
2	龙胜	0.57	0.50～0.62	合格	7	宾阳	0.70	0.50～0.62	不合格
3	凭祥	0.85	0.62～0.75	不合格	8	全州	0.73	0.62～0.75	合格
4	合山	0.57	0.50～0.62	合格	9	上林	0.68	0.62～0.75	合格
5	田林	0.65	0.62～0.75	合格	10	大化	0.87	0.75～0.87	合格

续表

No.	地点	实测结果	区划结果	检验结果	No.	地点	实测结果	区划结果	检验结果
11	钦州	0.48	0.38～0.50	合格	22	鹿寨	0.70	0.62～0.75	合格
12	靖西	0.75	0.75～0.87	合格	23	荔浦	0.72	0.62～0.75	合格
13	柳江	0.62	0.50～0.62	合格	24	临桂	0.68	0.62～0.75	合格
14	玉林	0.54	0.50～0.62	合格	25	恭城	0.66	0.62～0.75	合格
15	灌阳	0.64	0.62～0.75	合格	26	蒙山	0.62	0.50～0.62	合格
16	兴安	0.62	0.62～0.75	合格	27	岑溪	0.45	0.38～0.50	合格
17	巴马	0.71	0.62～0.75	合格	28	德保	0.75	0.75～0.87	合格
18	陆川	0.30	0.50～0.62	不合格	29	田东	0.67	0.62～0.75	合格
19	融安	0.61	0.50～0.62	合格	30	百色	0.62	0.62～0.75	合格
20	钟山	0.74	0.62～0.75	合格	31	隆林	0.73	0.62～0.75	合格
21	容县	0.58	0.50～0.62	合格	32	武宣	0.68	0.50～0.62	不合格

道地药材是优质药材的代表，是指经过中医临床长期应用优选出来的，产在特定地域，受到特定生产加工方式影响，较其他地区所产同种药材品质佳、功效好且质量稳定，具有较高知名度的药材。根据《道地药材标准通则》，道地药材品质是多指标的综合评价结果，应包括：品种、产地、功效、化学成分及产地加工等方面。

相关研究对青蒿中具有截疟作用青蒿素的关注比较多，一般以青蒿素含量的高低作为青蒿药材品质评价的依据。但是青蒿中其他成分如青蒿乙素、青蒿酸和东莨菪内酯等化学成分对截疟、解热等也有一定的协同作用，青蒿除了截疟，还有解暑热、退黄等其他功效用途。由于青蒿种植的目的和用途不同，进行青蒿药材品质评价的依据和用到的指标也不同，同一地区所产的青蒿药材有可能被认为是优质药材，也有可能被认为是劣质药材。

本章以中国为研究区域，以青蒿药材为研究对象，针对青蒿用于截疟、解暑热的不同功效用途，以青蒿素、青蒿乙素、青蒿酸和东莨菪内酯 4 种化学成分为指标，进行区域间青蒿药材品质的差异性和规律性分析，在此基础上进行青蒿品质区划研究。

结果显示：尺度不同青蒿素含量与生态环境之间的关系不同，以广西为研究区域，温度高的地方青蒿素含量低；以中国为研究区域，温度高的地方青蒿素含量高。

第一节　青蒿样品数据

一、青蒿样品的采集

通过对文献资料研究，根据 2011 年以前公开发表的科研论文中，关于青蒿素含量研究的位置信息，具体如图 2-3 所示青蒿在我国各省均有分布。

课题组，于 2011 年 7 ～ 8 月联合相关单位，在野生青蒿资源相对丰富的区域选择采样点，进行青蒿药材样品采集，每个采样点采集 5 株青蒿全草。在全国的 19 个省（区、市）128 个县，选择 250 个采样点，共采集 1250 份青蒿药材样品。

青蒿药材样品经中国中医科学院中药研究所张东副研究员鉴定为中药青蒿，即菊科植物 A. annua L. 的干燥地上部分。青蒿药材样品在自然条件下阴干备用。

应用 ArcGIS 根据实地调查和文献研究收集到各个样点的经纬度，基于矢量的行政区划数据，生成采样点分布图，结果如图 5-1 所示。由图 5-1 可以看出，除宁夏、海南、福建和浙江等少部分省份没有采样外，其他省份均有采样点数据。

　　应用 ArcGIS 软件把 250 个采样点的位置，与青蒿分布区划结果图 2-11 进行叠加，结果如图 5-1 所示。由图 5-1 可以看出，本研究实地调查到的采样点已经覆盖分布概率大于 50% 的绝大部分区域。

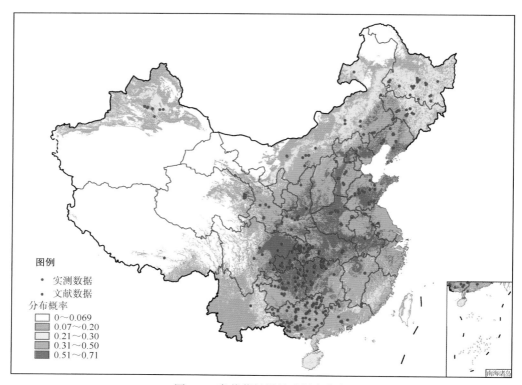

图 5-1　青蒿药材样品采样点分布

二、青蒿中青蒿素等 4 种化学成分含量测定

（一）化学成分含量测定方法

　　采用液相色谱质谱联用方法进行化学成分测定，采用主成分和百分比方法对测定数据进行分析、整理，获取采样点的青蒿中青蒿乙素、青蒿素、青蒿酸、东莨菪内酯的含量。

　　仪器：Agilent 1200-6130 Quadrupole 液质联用系统色谱条件，色谱柱：Agilent Zorbax SB-C18（150×2.1mm，5μm）；流动相：乙腈 -0.3% 乙酸水 =60 ∶ 40；柱温：35℃；流速：0.3ml/min；进样量为 5μl。质谱条件，离子源：API-ES 源，SIM 模式；场电压：正离子 3500V；负离子 3500V；碎裂电压：70V；干燥气流速 9L/min；喷雾压力：35psi；干燥气温度：350℃。检测离子：青蒿素 $[M+H]^+ = m/z\ 283$，$[M+H]^+ = $ 青蒿乙素 $m/z\ 249$，东莨菪内酯 $[M+H]^+ = m/z\ 193$，青蒿酸 $[M-H]^- = m/z\ 233$。

（二）化学成分含量均值

　　利用 R 语言，分别计算省和县域内各采样点青蒿乙素含量的平均值。各县青蒿中青蒿素（Qa）、青蒿乙素（Qb）、青蒿酸（Qc）和东莨菪内酯（Qd）含量均值。应用

ArcGIS以县为单位生成各县4种成分含量平均值的百分比图，具体如图5-2所示。由图5-2可以看出，位于南部的各县，青蒿中青蒿素（Qa）含量占比相对较高；位于北部的各县，青蒿中青蒿乙素（Qb）含量占比相对较高。

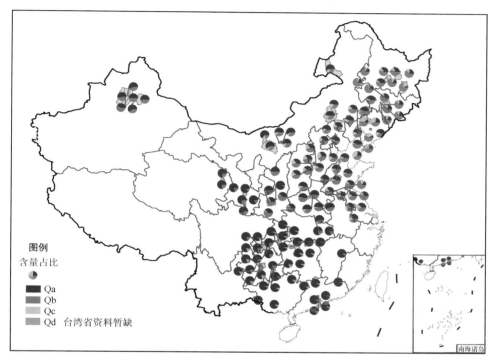

图5-2　各县青蒿中青蒿素等4种成分含量占比

三、青蒿中青蒿素等4种化学成分含量之间的关系

用R语言的"相关图"绘图功能，对青蒿素等4种化学成分含量之间的关系进行分析，结果如图5-3所示。由图5-3可以看出：东莨菪内酯、青蒿酸和青蒿乙素三者之间呈正相关关系；青蒿乙素与青蒿酸呈显著正相关关系，青蒿素与东莨菪内酯呈显著正相关关系；青蒿乙素与青蒿素呈负相关关系。

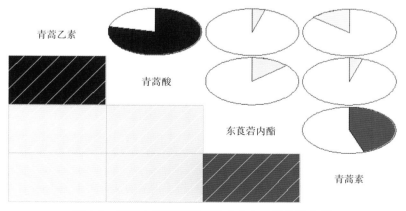

图5-3　青蒿中青蒿素等4种成分含量相关性分析

第二节 青蒿素空间分布规律

为明确各省（区、市）青蒿药材中青蒿素含量高低，基于实地调查结果，运用探索性空间数据分析、趋势面分析等空间统计分析技术[103]，对各省（区、市）青蒿中青蒿素含量进行研究，分析中国各地青蒿中青蒿素含量的空间差异特性，明确各省（区、市）青蒿中青蒿素含量的空间差异性分布规律。在此基础上，基于青蒿中青蒿素含量对我国不同地区所产青蒿的质量进行评价研究。

一、青蒿素含量的空间分布特征

（一）青蒿素含量的空间自相关性分析

利用R语言，分别计算省和县域内各采样点青蒿素含量的平均值。根据我国各省（区、市）青蒿素含量的平均值，应用ArcGIS制图功能，生成25个省青蒿素含量的柱状图，结果如图5-4所示。

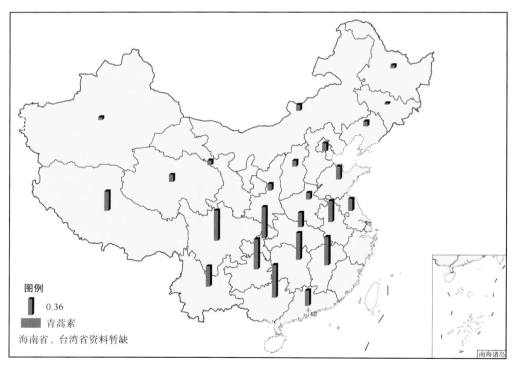

图5-4　各省（区、市）青蒿素含量

由图5-4中可以看出各地青蒿素含量存在一定的差异，总体上南部地区青蒿素含量高于北部地区。

选取我国各省（区、市）青蒿素含量，计算全局空间自相关I指数，并计算其检验的标准化统计量Z，结果如图5-5所示。其中：I=0.55指数，标准化统计量Z=126.67，

P=0，置信度为99%；在正态分布假设条件下，I指数检验结果高度显著。表明：各省（区、市）青蒿素含量平均值存在着显著的、正的空间自相关；各省（区、市）青蒿素含量平均值高低并非随机分布，而是具有明显的空间聚集特征。

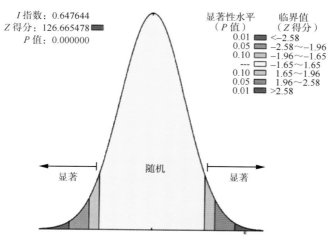

图 5-5　青蒿素含量全局空间自相关结果图

应用ArcGIS软件绘制各省（区、市）青蒿素含量平均值的趋势图，结果如图5-6所示，从整体研究区域来看，由南向北各省（区、市）青蒿素含量平均值有逐渐减少的变化趋势，由西向东青蒿素含量平均值有先增加后减少的变化趋势。总体上西南部地区青蒿中的青蒿素含量较高，北部地区青蒿中的青蒿素含量较低。

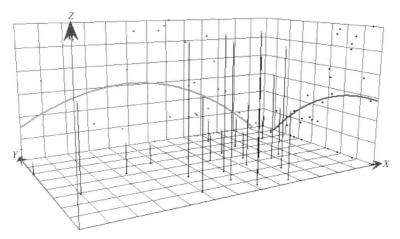

图 5-6　各省（区、市）青蒿素含量趋势图

（二）青蒿素含量的空间差异性分析

1.局部空间自相关分析结果

总体空间格局从空间自相关分析整体上表明了全国青蒿素含量分布态势，并不代表每个地区都是如此，为了进一步分析各省（区、市）青蒿素含量的空间相关性，结合局

部空间自相关模型进一步分析。

通过局部空间自相关分析，计算 LISA 指数、进行显著水平检验，其中显著性水平大于 95% 的地区如图 5-7 所示。

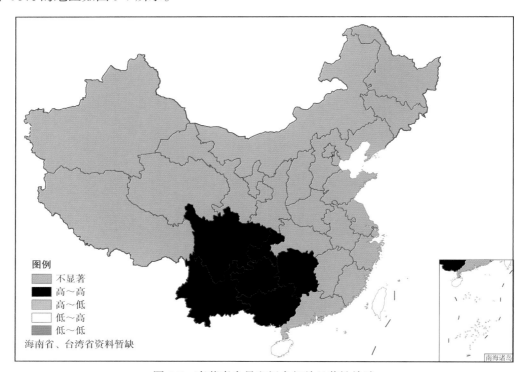

图例
不显著
高～高
高～低
低～高
低～低
海南省、台湾省资料暂缺

图 5-7　青蒿素含量空间自相关显著性检验

由图 5-7 可以看出从局部区域角度，各省（区、市）青蒿素含量平均值之间也具有较强的空间相关性，总体上呈现为局部空间正相关性，表明在局部范围各省（区、市）青蒿素含量平均值，也具有明显的空间聚集特征。

2. G 指数分析结果

根据各省（区、市）青蒿素含量平均值，应用 ArcGIS 软件计算 G 统计量，计算其检验的标准化统计量 Z。用自然断裂法（Jenks）对数据进行可视化处理，将数值由低到高划分为 3 类，分别为：冷点地区、温点地区、热点地区，结果如图 5-8 所示。由图 5-8 青蒿素含量 G 指数分析结果可以看出：

总体上热点省份占总数的 25%，这些省的 Z 值在 0.05 的显著性水平下显著，青蒿素含量平均值高的省（区、市）在空间上相连成片分布。从统计学意义上说，其青蒿素含量平均值趋于高值空间聚集，总体上分布在西南地区（红色区域）。

冷点省份占总数的 6.2%，这些省份的 Z 值在 0.05 的显著性水平下显著，青蒿素含量平均值较低。从统计学意义上说，青蒿素含量趋于低值空间聚集，总体上冷点地区分布在天津市和辽宁省（蓝色区域）。

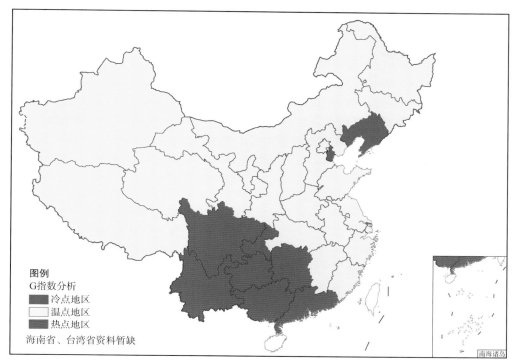

图 5-8　青蒿素含量 G 指数分析结果

　　温点省份个数最多，温点省份占总数的 68.8%，青蒿素含量平均值属于高值和低值过渡区域（米黄色区域）。

（三）青蒿素含量的空间分布估计

　　运用 R 语言绘制 Moran 散点图，进一步分析各省（区、市）青蒿素的局部空间相关性，结果如图 5-9 所示。通过图 5-9 青蒿素空间自相关 Moran 散点图可以看出：广西、广东、重庆等 9 个省（区、市）的青蒿素含量属于高值聚集区。

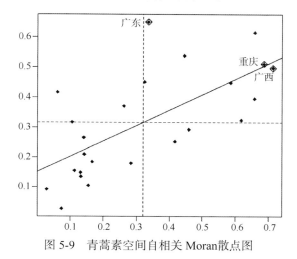

图 5-9　青蒿素空间自相关 Moran 散点图

　　文献中记载广西、广东、重庆地区青蒿素含量较高，从抗疟成分青蒿素需求角度广西、广东和重庆为现代文献中的道地产区。Moran 散点图结果显示广西、广东和重庆为"高值"被"高值"包围的特殊值，印证了文献研究结果。通过图 5-9 的第一和第三象限点的密度，可以看出青蒿素含量的低值聚集区在空间相关方面的贡献较大（第三象限点的密度略高）。

　　应用 ArcGIS 空间分析模块中的 Kriging 插值方法，进行青蒿素含量分布情况的空间估计；同时基于青蒿潜在分布概率研究结果，形成青蒿素含量空间分布图，结果如图 5-10 所示。由图 5-10 可以看出，长江以南地区青蒿中的青蒿素含量较高。

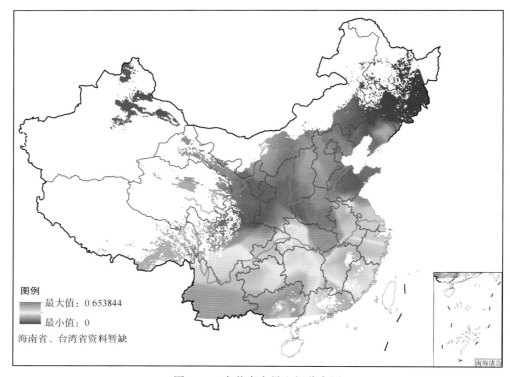

图 5-10　青蒿素含量空间分布图

二、青蒿素与环境因素之间的关系分析

　　基于全国各采样点的生态环境数据，包括：土壤类型、植被类型、年均降水量、年均日照时数、年均气温、年均相对湿度、年均太阳辐射量、酸碱度、海拔、坡向和坡度共 11 个指标。利用地理探测器模型，计算得出因子探测的结果，具体如图 5-11 所示。

　　由图 5-11 可以看出，对青蒿素含量解释和影响能力由强到弱，依次为：土壤类型（0.516）＞植被类型（0.501）＞年均降水量（0.488）＞年均日照时数（0.486）＞年均气温（0.443）＞年均相对湿度（0.355）＞年均太阳辐射量（0.263）＞酸碱度（0.171）＞海拔（0.072）＞坡向（0.052）＞坡度（0.016）。

　　从宏观整体上可以看出，土壤、植被、气候和地形这 4 类生态环境因素对青蒿素含量的影响力依次降低。其中，土壤类型和植被类型的解释力较大，说明青蒿中青蒿素含量受土壤类型和植被类型的影响作用较为强烈，即青蒿素含量与土壤类型和植被类型空间分布之间具有较强的一致性。

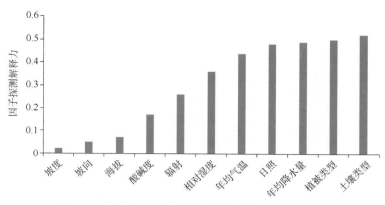

图 5-11　各类生态环境因素对青蒿素含量的解释力度

为比较不同环境因素之间的因子解释力大小是否具有显著差异，应用"生态探测"方法进行分析，结果如表 5-1 所示。

表 5-1　各因素间的显著差异性

	海拔	相对湿度	年均日照时数	年均气温	年均降水量	年均太阳辐射量	坡度	坡向	植被类型	土壤类型
相对湿度	Y									
年均日照时数	Y	Y								
年均气温	Y	Y	N							
年均降水量	Y	Y	N	N						
年均太阳辐射量	Y	N	N	N	N					
坡度	N	N	N	N	N	N				
坡向	N	N	N	N	N	N	N			
植被类型	Y	Y	N	N	N	Y	Y	Y		
土壤类型	Y	Y	N	N	N	Y	Y	Y	N	
酸碱度	N	N	N	N	N	N	Y	Y	N	N

注：Y 表示两因素之间有显著差异，并通过 0.05 水平显著性检验；N 表示两因素之间差异不显著

由表 5-1 可以看出：土壤类型、植被类型、年均降水量、年均日照时数、年均气温与海拔、年均相对湿度之间有显著差异，植被类型、土壤类型与年均太阳辐射量、坡度和坡向之间有显著差异，而其他因子之间的差异性并不显著。

结合因子探测和生态探测结果，可以发现土壤类型、植被类型对青蒿素含量的空间分布作用较强，其他因素对青蒿素含量的空间分布作用相对较弱。

为分析环境因素对青蒿素含量空间分布影响是否存在交互作用，采用"交互探测"分析方法，对各生态因子的交互作用进行分析，结果表明：任意两个环境因素交互后对青蒿素含量空间分布的因子解释力均会显著提升，也就是说青蒿素含量空间分布受到各

生态环境因素的共同影响，两个环境因素相互交互后的因子解释力要明显强于单个环境因素。可见，青蒿中青蒿素含量的空间变化，是土壤、植被、气候和地形等多个生态因子综合作用的结果。

三、青蒿素与植被类型之间的关系分析

基于青蒿采样点的位置，对各区域间青蒿素含量与植被类型之间的关系进行分析，明确不同区域的青蒿仅受植被类型的影响，青蒿中青蒿素含量的变化规律。

（一）描述分析

利用 R 语言的"小提琴图"和"缺口箱线、散点图、地毯图"绘图功能，对青蒿素含量与植被类型之间的关系进行分析，结果如图 5-12、图 5-13 所示。

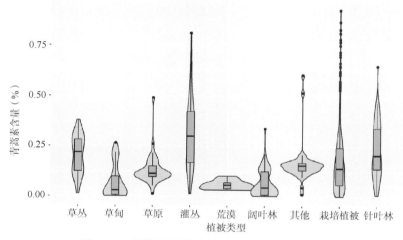

图 5-12　青蒿素含量与植被类型之间的小提琴图

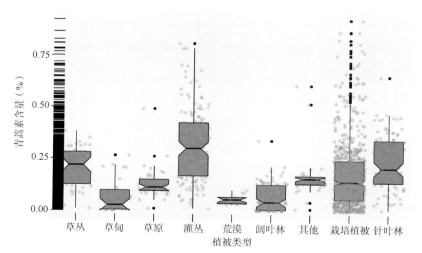

图 5-13　青蒿素含量与植被类型之间的箱线散点地毯图

由图 5-12 可以看出，青蒿素含量在草甸、荒漠、阔叶林内呈偏正态分布规律，青蒿中青蒿素含量低的占比较大；生长在阔叶林和草甸内的青蒿，青蒿中青蒿素含量较低；生长在灌丛、针叶林和草丛内的青蒿，青蒿中青蒿素含量较高。

由图 5-13 可以看出：生长在草丛、草甸、草原和灌丛的青蒿中青蒿素含量差异较大。栽培植被和灌丛中的采样点数量较多。

（二）各植被类型内青蒿素含量的差异性分析

利用 R 语言的方差分析功能，对不同植被类型之间，青蒿素含量的差异性进行分析，结果显示：不同植被类型间青蒿素含量有显著性差异（$P = 2e\text{-}16$），各植被类型内青蒿采样点样本数和青蒿素含量均值，具体如图 5-14 所示。

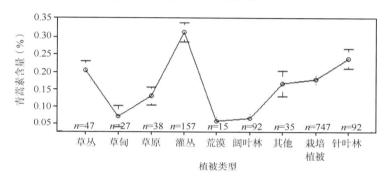

图 5-14　不同植被类型间青蒿素含量的均值和置信区间

利用 R 语言方差分析的多重比较功能，对不同植被类型之间青蒿素含量均值的差异性进行对比分析，结果如图 5-15 所示。由图 5-15 可以看出，两两之间差异性显著（线段不在 0.0 上）的较多。

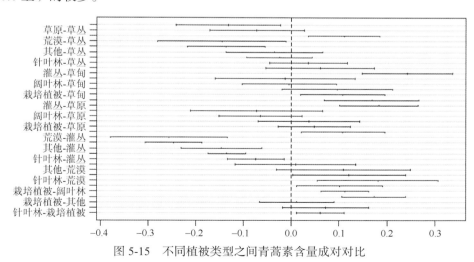

图 5-15　不同植被类型之间青蒿素含量成对对比

（三）基于植被类型的青蒿素含量空间分布特征

利用 R 语言的统计函数，计算不同植被类型内青蒿素含量的最小值、最大值、均值、中位数、1/4 分位数、3/4 分位数等基本统计量，结果如表 5-2 所示。

表 5-2　不同植被类型内青蒿素含量统计量

植被类型	个数	标准差	最小值	均值	最大值	1/4 分位数	中位数	3/4 分位数
草丛	47	0.0444	0.0032	0.0696	0.1372	0.0258	0.0617	0.1123
草甸	27	0.0135	0.0262	0.0448	0.0894	0.0368	0.0413	0.0518
草原	38	0.0336	0.0088	0.0529	0.1221	0.0272	0.0368	0.0825
灌丛	157	0.0426	0.0014	0.0390	0.2379	0.0084	0.0312	0.0487
荒漠	15	0.0128	0.0214	0.0423	0.0630	0.0343	0.0399	0.0528
阔叶林	92	0.0289	0.0283	0.0722	0.1443	0.0493	0.0635	0.0940
其他	35	0.0939	0.0094	0.1749	0.3257	0.0882	0.1947	0.2582
栽培植被	747	0.0928	0.0006	0.1062	0.3920	0.0355	0.0748	0.1618
针叶林	92	0.0577	0.0019	0.0479	0.2138	0.0047	0.0196	0.0755

　　根据不同植被类型条件下，青蒿素含量的 1/4 分位数为下限、青蒿素含量的 3/4 分位数为上限（具体见表 5-2）；利用 ArcGIS、基于中国的植被类型和行政区划边界，绘制青蒿素含量的空间分布图，结果如图 5-16 所示。由图 5-16 可以看出：仅考虑植被类型的影响，红色区域内的青蒿素含量相对较高，中国南部地区红色区域的面积较大。

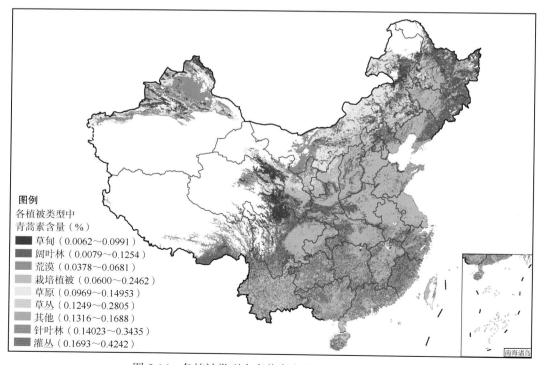

图 5-16　各植被类型内青蒿素含量（%）空间分布图

四、青蒿素与土壤类型之间的关系分析

基于青蒿采样点位置，对各区域间青蒿素与土壤类型之间的关系进行分析，明确不同区域的青蒿，仅受土壤类型的影响，青蒿中青蒿素含量的变化规律。

（一）描述分析

利用 R 语言的"小提琴图"和"缺口箱线、散点图、地毯图"绘图功能，对青蒿素与土壤类型之间的关系进行分析，结果如图 5-17、图 5-18 所示。

由图 5-17、图 5-18 可以看出，青蒿素含量在低活性强酸土、高活性淋溶土、高活性强酸土、石膏土等土壤类型中呈偏正态分布规律，青蒿中青蒿素含量低的占比较大；生长在灰色土、人为土上的青蒿，青蒿中青蒿素含量较高；生长在高活性黑土、沙性土、潜育土、盐土上的青蒿，青蒿中青蒿素含量较低；生长在人为土、高活性淋溶土、疏松岩性土、低活性强酸土上的青蒿，青蒿中青蒿素含量差异较大。薄层土中的采样点数量较多。

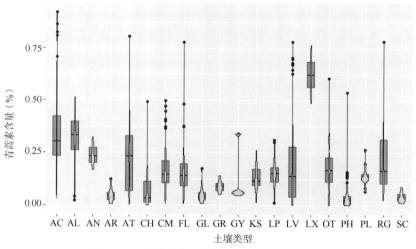

图 5-17　青蒿素与土壤类型之间的小提琴图

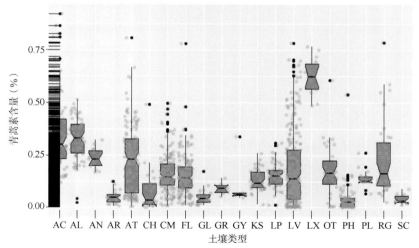

图 5-18　青蒿素与土壤类型之间的箱线散点地毯图

（二）各土壤类型内青蒿素含量的差异性分析

利用 R 语言的方差分析功能，对不同土壤类型之间，青蒿素含量的差异性进行分析，结果显示：不同土壤类型间青蒿素含量有显著性差异（$P = 2e-16$），各土壤类型内青蒿采样点样本数和青蒿素含量均值，具体如图 5-19 所示。

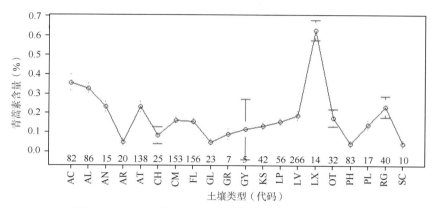

图 5-19　不同土壤类型间青蒿素含量的均值和置信区间

利用 R 语言方差分析的多重比较功能，对不同土壤类型之间青蒿素含量均值的差异性进行对比分析，结果如图 5-20 所示。

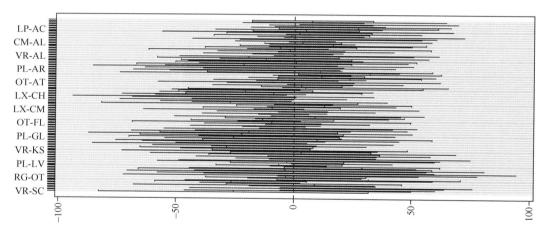

图 5-20　不同土壤类型之间青蒿素含量成对对比

（三）基于土壤类型的青蒿素含量空间分布特征

利用 R 语言的统计函数，计算不同土壤类型内青蒿素含量的最小值、最大值、均值、中位数、1/4 分位数、3/4 分位数等基本统计量，结果如表 5-3 所示。由表 5-3 可知，生长在黑土、灰色土、火山灰土、栗钙土、潜育土等土壤类型上的青蒿，青蒿中青蒿素含量相对较高。

根据不同土壤类型条件下，青蒿素含量的 1/4 分位数为下限、青蒿素含量的 3/4 分位数为上限（具体见表 5-3）；利用 ArcGIS、基于中国的土壤类型和行政区划边界，绘制青蒿素含量的空间分布图,结果如图 5-21 所示。由图 5-21 可以看出:仅考虑土壤类型的影响,红色区域内的青蒿素含量相对较高,中国南部地区红色区域的面积较大。

表 5-3 不同土壤类型内青蒿素含量统计量

代码/土壤类型	个数	标准差	最小值	均值	最大值	1/4 分位数	中位数	3/4 分位数
AC 低活性强酸土	82	0.19	0.03	0.36	0.92	0.23	0.30	0.42
AL 高活性强酸土	66	0.10	0.02	0.33	0.51	0.26	0.33	0.40
AN 火山灰土	15	0.05	0.17	0.23	0.32	0.20	0.23	0.27
AR 砂性土	20	0.03	0.01	0.05	0.12	0.03	0.05	0.06
AT 人为土	138	0.16	0.00	0.23	0.81	0.07	0.23	0.33
CH 黑钙土	25	0.10	0.00	0.08	0.49	0.01	0.04	0.11
CM 雏形土	153	0.09	0.01	0.16	0.50	0.11	0.15	0.21
FL 冲积土	156	0.10	0.01	0.16	0.78	0.09	0.14	0.20
GL 潜育土	23	0.04	0.01	0.05	0.17	0.03	0.04	0.06
GR 灰色土	7	0.03	0.05	0.09	0.14	0.07	0.09	0.10
GY 石膏土	5	0.13	0.05	0.11	0.34	0.06	0.06	0.07
KS 栗钙土	42	0.05	0.02	0.13	0.26	0.10	0.12	0.17
LP 薄层土	56	0.06	0.01	0.15	0.31	0.11	0.15	0.18
LV 高活性淋溶土	266	0.18	0.00	0.19	0.78	0.04	0.14	0.28
LX 低活性淋溶土	14	0.09	0.49	0.62	0.77	0.56	0.62	0.69
OT 其他	32	0.13	0.00	0.17	0.61	0.11	0.17	0.22
PH 黑土	83	0.07	0.00	0.04	0.54	0.01	0.03	0.05
PL 黏磐土	17	0.04	0.07	0.14	0.26	0.12	0.13	0.15
RG 疏松岩性土	40	0.17	0.03	0.23	0.79	0.11	0.16	0.31
SC 盐土	10	0.02	0.01	0.04	0.09	0.03	0.03	0.06

五、青蒿素与气候因素之间的关系分析

基于青蒿采样点位置,对各区域间青蒿素含量与气候因素之间的关系进行分析,明确不同区域的青蒿受气候因素的影响,青蒿中青蒿素含量的变化规律。

(一)描述分析

利用 ArcGIS 软件基于气候带和采样点数据,生成采样点在各气候带的分布图,结果如图 5-22 所示。

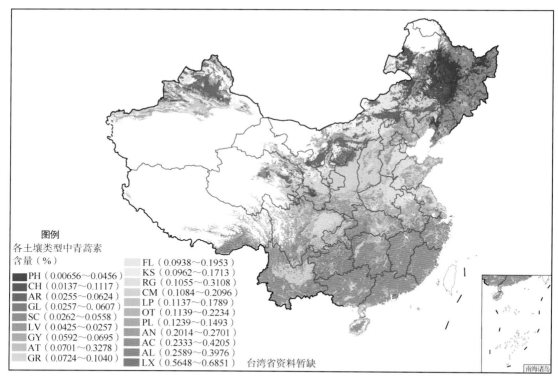

图例
各土壤类型中青蒿素
含量（%）

PH（0.00656~0.0456）
CH（0.0137~0.1117）
AR（0.0255~0.0624）
GL（0.0257~0.0607）
SC（0.0262~0.0558）
LV（0.0425~0.0257）
GY（0.0592~0.0695）
AT（0.0701~0.3278）
GR（0.0724~0.1040）

FL（0.0938~0.1953）
KS（0.0962~0.1713）
RG（0.1055~0.3108）
CM（0.1084~0.2096）
LP（0.1137~0.1789）
OT（0.1139~0.2234）
PL（0.1239~0.1493）
AN（0.2014~0.2701）
AC（0.2333~0.4205）
AL（0.2589~0.3976）
LX（0.5648~0.6851）　　台湾省资料暂缺

图 5-21　各土壤类型内青蒿素含量（%）空间分布图

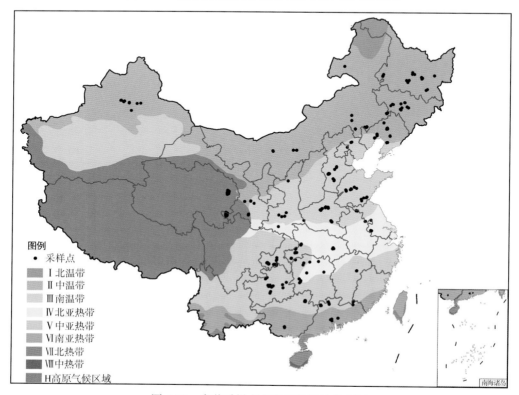

图例
· 采样点
Ⅰ北温带
Ⅱ中温带
Ⅲ南温带
Ⅳ北亚热带
Ⅴ中亚热带
Ⅵ南亚热带
Ⅶ北热带
Ⅷ中热带
H高原气候区域

图 5-22　青蒿采样点在各气候带的分布图

利用 R 语言的"小提琴图""缺口箱线、散点图、地毯图"绘图功能，对各气候带内采样地之间，青蒿中青蒿素含量均值的关系进行分析，结果如图 5-23、图 5-24 所示。

由图 5-23、图 5-24 可以看出，青蒿素含量在中温带呈偏正态分布，在南温带、北亚热带、中亚热带、高原气候区域均呈偏正态分布，其中中温带青蒿中青蒿素含量低的占比较大。在中温带、南温带、北亚热带、中亚热带、南亚热带，青蒿中的青蒿素含量依次升高。在南亚热带地区，青蒿中的青蒿素含量最高，且青蒿中青蒿素组内含量差异较大。

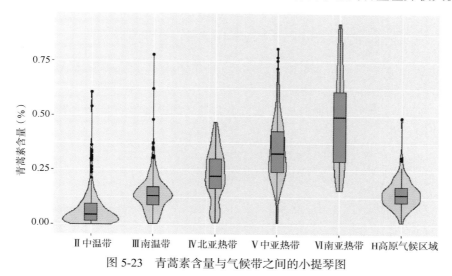

图 5-23　青蒿素含量与气候带之间的小提琴图

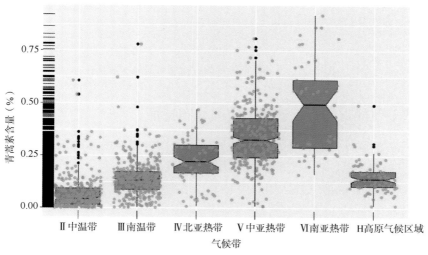

图 5-24　青蒿素含量与气候带之间的箱线散点地毯图

（二）各气候类型内青蒿素含量的差异性分析

利用 R 语言的方差分析功能，对不同气候带之间，青蒿素含量的差异性进行分析，结果显示：不同气候带之间的青蒿素含量有显著性差异（$P = 2e\text{-}16$），各气候带内青蒿采样点样本数和青蒿素含量均值，具体如图 5-25 所示。

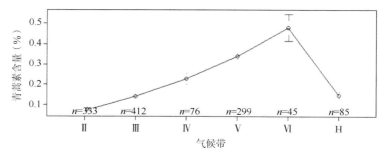

图 5-25   不同气候带间青蒿素含量的均值和置信区间

利用 R 语言方差分析的多重比较功能，对不同气候带之间青蒿素含量均值的差异性进行对比分析，结果如图 5-26 所示。

由图 5-26 可以看出：高原气候区域与南温带之间差异性不显著，其他各气候带两两之间差异性均显著。

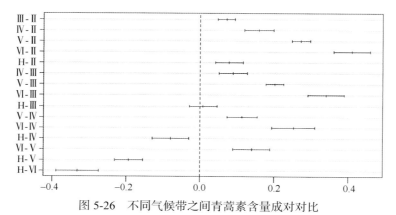

图 5-26   不同气候带之间青蒿素含量成对对比

（三）基于气候带的青蒿素含量空间分布特征

利用 R 语言的统计函数，计算不同气候带内青蒿素含量的最小值、最大值、均值、中位数、1/4 分位数、3/4 分位数等基本统计量，结果如表 5-4 所示。由图 5-24、图 5-25、表 5-4 可知，中温带、高原气候区域、南温带、北亚热带、中亚热带、南亚热带青蒿中的青蒿素含量依次升高。

表 5-4   不同气候带内青蒿素含量统计量

代码/气候带	个数	标准差	最小值	均值	最大值	1/4 分位数	中位数	3/4 分位数
II 中温带	333	0.081	0.001	0.070	0.606	0.016	0.044	0.094
III 南温带	412	0.083	0.002	0.140	0.780	0.088	0.132	0.174
IV 北亚热带	76	0.115	0.009	0.228	0.470	0.167	0.223	0.303
V 中亚热带	299	0.143	0.007	0.341	0.809	0.242	0.326	0.429
VI 南亚热带	45	0.219	0.160	0.479	0.923	0.291	0.494	0.612
H 高原气候区域	85	0.070	0.012	0.148	0.492	0.104	0.139	0.176

以不同气候带条件下，青蒿素含量的 1/4 分位数为下限、青蒿素含量的 3/4 分位数为上限（具体见表 5-4）；利用 ArcGIS、基于中国的气候带和行政区划边界，绘制青蒿素含量的空间分布图，结果如图 5-27 所示。

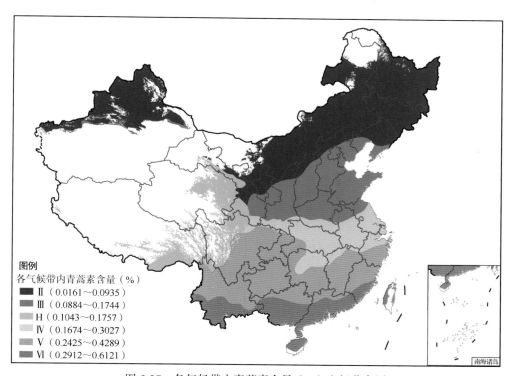

图 5-27　各气候带内青蒿素含量（%）空间分布图

由图 5-27 可以看出：仅考虑气候的因素，红色区域内的青蒿素含量相对较高，中国南部地区的红色区域较大；绿色区域内青蒿素含量相对较低，中国北部地区的绿色区域较大。

六、青蒿素与地形之间的关系分析

基于青蒿采样点位置，对各区域间青蒿素含量与地形之间的关系进行分析，明确不同区域的青蒿仅受地形的影响，青蒿中青蒿素含量的变化规律，及不同地形条件下的差异性。

（一）描述性分析

为明确海拔对青蒿素含量的变化是否有影响，按采样点所在位置对 250 个样地进行分组。其中垂直方向：结合中国地形的 3 大地理阶梯（第一阶梯：h > 4000m；第二阶梯：1000m < h ≤ 4000m；第三阶梯：h ≤ 1000m），水平方向：按纬度 31° 进行南北划分。其中：样点位于第三阶梯南部的为第 1 组，样点位于第三阶梯北部的为第 2 组；样点位

于第二阶梯南部的为第 3 组，样点位于第二阶梯北部的为第 4 组，结果如图 5-28 所示。由图 5-28 可以看出，大部分样点分布在海拔 ≤ 1000m 的范围内。

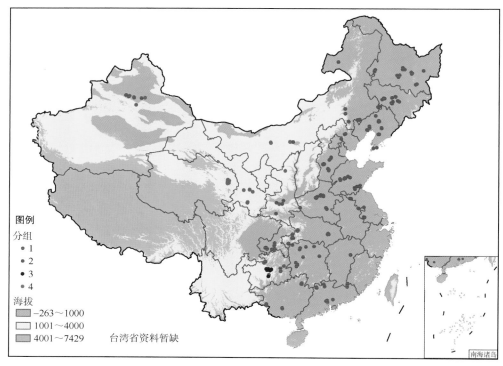

图 5-28　各样地按地形分组

用 R 语言中散点图绘图功能，对 4 组样地内青蒿素含量和海拔高度之间的关系进行分析，结果如图 5-29 所示。由图 5-29 可以看出，第 3 组和第 4 组的样点几乎没有重合，第 1 组和第 2 组的样点有重合。

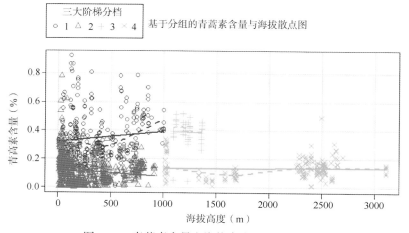

图 5-29　青蒿素含量和海拔高度之间的散点图

用 R 语言中"高密度散点图"绘图功能，进一步分析青蒿素含量和海拔高度之间的关系，结果如图 5-30 所示。

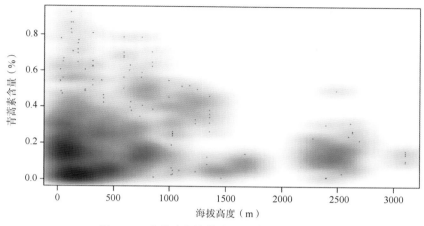

图 5-30 青蒿素与海拔之间的高密度散点图

由图 5-30 可以看出，高海拔地区的样地数量较少，低海拔区域的样地数量较多；且低海拔、青蒿素含量较低的点相对较多，见图 5-30 颜色深的区域。

利用 R 语言的"小提琴图""缺口箱线、散点图、地毯图"，对青蒿素含量与海拔之间的关系进行分析，结果如图 5-31、图 5-32 所示。

由图 5-31、图 5-32 可以看出：在第三阶梯内，生长在中国南部（第 1 组）的青蒿，青蒿中青蒿素含量相对较高、差异性相对较大，北部（第 2 组）的相对较低、差异性较大；在第二阶梯内，生长在中国南部（第 3 组）的青蒿，青蒿中青蒿素含量相对较高、组内差异性较小，北部（第 4 组）的相对较低、组内差异性较小。

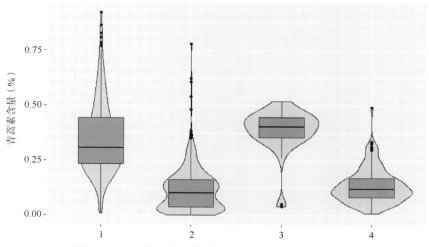

图 5-31 4 组样地内青蒿素含量与海拔之间的小提琴图

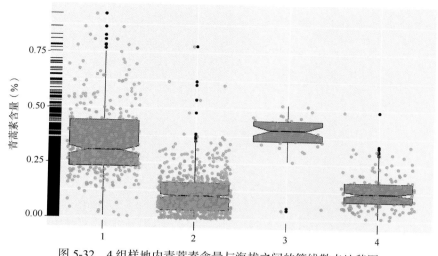

图 5-32　4 组样地内青蒿素含量与海拔之间的箱线散点地毯图

（二）描述性分析

1. 海拔总体情况

为明确不同海拔梯度之间青蒿素含量的差异性，以海拔高度（h）为依据，按以下原则对各采样地进行分组。其中：第 1 档：h ≤ 200m，第 2 档：200m ＜ h ≤ 500m，第 3 档：500m ＜ h ≤ 000m，第 4 档：1000m ＜ h ≤ 1500m，第 5 档：1500m ＜ h ≤ 2000m，第 6 档：2000m ＜ h ≤ 2500m，第 7 档：h ＞ 2500m。

用 R 语言中的"小提琴图"和"缺口箱线、散点图、地毯图"绘图功能，对青蒿素含量与海拔之间的关系进行分析，结果如图 5-33、图 5-34 所示。

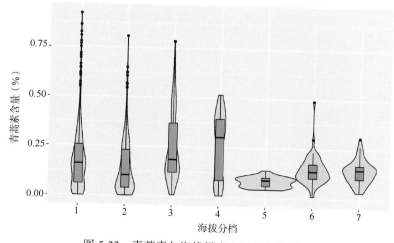

图 5-33　青蒿素与海拔梯度之间的小提琴图

由图 5-33、图 5-34 可以看出：青蒿素含量在第 2、3、6、7 档内呈偏正态分布，青蒿中青蒿素含量低的占比较大。第3、4档内的青蒿中青蒿素含量差异较大，青蒿素含量相对较高。第5、6、7档内的青蒿中青蒿素含量相对较低、组内差异相对较小。第1、2档内的采样点较多。

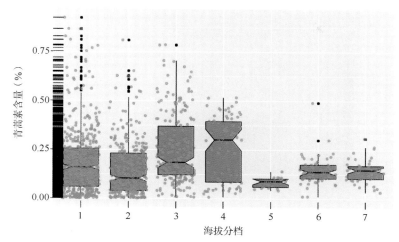

图5-34　青蒿素含量与海拔梯度之间的箱线散点地毯图

2. 坡度总体情况

为明确青蒿素含量与坡度之间关系，以坡度（P）为依据，按以下原则对各采样地进行分组。其中：第1档：$0° \leqslant P \leqslant 2°$，第2档：$2° < P \leqslant 6°$，第3档：$6° < P \leqslant 10°$，第4档：$10° < P \leqslant 20°$，第5档：$20° < P \leqslant 30°$，第6档：$P > 30°$。

利用R语言的"小提琴图"和"缺口箱线、散点图、地毯图"绘图功能，对青蒿素与坡度之间的关系进行分析，结果如图5-35、图5-36所示。

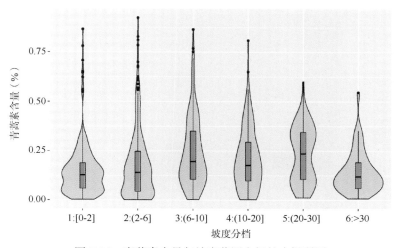

图5-35　青蒿素含量与坡度范围之间的小提琴图

由图5-35、图5-36可以看出：坡度在第3、4、5档（即$6° \sim 30°$范围）区域内，青蒿中青蒿素含量相对较高；坡度在第1、6档（即0°≤P≤2°、P＞30°）的区域内，青蒿中青蒿素含量相对较低。坡度在第2档（即2°＜P≤6°）范围内的采样点较多。

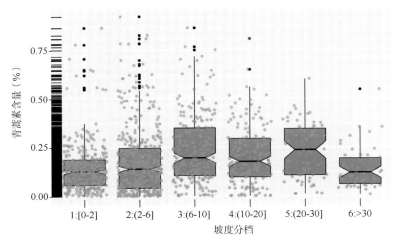

图5-36　青蒿素含量与坡度范围之间的箱线散点地毯图

3. 坡向总体情况

利用R语言的"小提琴图"和"缺口箱线、散点图、地毯图"绘图功能，对不同坡向（0：平地，1：阳坡，2：阴坡）之间青蒿素含量的均值进行对比分析，结果如图5-37、图5-38所示。

由图5-37、图5-38可以看出，青蒿素在阳坡、阴坡均成偏正态分布；平地青蒿素含量较高的占比较大。由图5-38可以看出，两个箱的凹槽相互接近重叠，表明它们的中位数之间没有显著差异。平地内的采样点数量相对较少，阴坡和阳坡内的采样点数量接近，均相对较多。

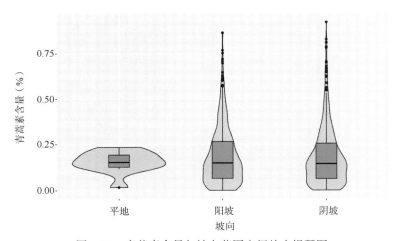

图5-37　青蒿素含量与坡向范围之间的小提琴图

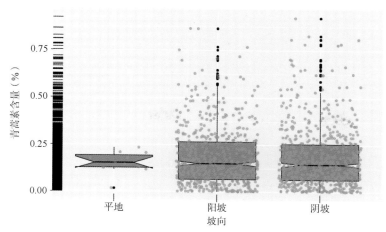

图 5-38 青蒿素含量与坡向范围之间的箱线散点地毯图

（三）不同地形条件下青蒿素含量的差异性分析

1. 不同海拔之间青蒿素含量的差异性

利用 R 语言的方差分析功能，对不同海拔范围内青蒿素含量的差异性进行对比分析，结果显示：不同海拔梯度范围之间青蒿素含量有显著性差异（$P = 2e\text{-}16$），不同海拔梯度范围内青蒿素含量均值如图 5-39 所示。

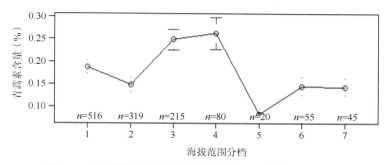

图 5-39 不同海拔范围之间青蒿素含量的均值和置信区间

利用 R 语言方差分析的多重比较功能，对不同海拔范围之间青蒿素含量均值的差异性进行对比分析，结果显示：第 1 和 3、4 档，第 2 和 3、4 档之间的差异性最显著，结果如图 5-40 所示。

2. 不同坡度之间青蒿素含量的差异性

利用 R 语言的方差分析功能，对不同坡度范围内青蒿素含量的差异性进行对比分析，结果显示：不同坡度梯度范围之间青蒿素含量有显著性差异（$P=4.08e\text{-}12$），结果如图 5-41 所示。

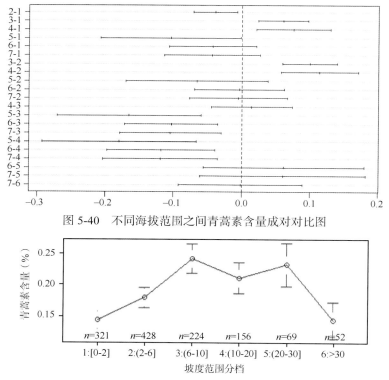

图 5-40　不同海拔范围之间青蒿素含量成对对比图

图 5-41　不同坡度范围之间青蒿素含量的均值和置信区间

利用 R 语言方差分析的多重比较功能，对不同坡度范围之间青蒿素含量均值的差异性进行对比分析，具体如图 5-42 所示。结果显示：第 1 和 3、4、5 档，第 2 和 3 档之间的差异性最显著。

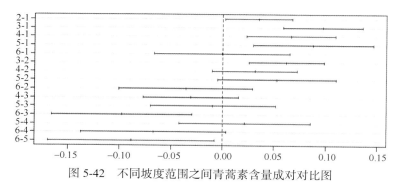

图 5-42　不同坡度范围之间青蒿素含量成对对比图

3. 不同坡向之间青蒿素含量的差异性

利用 R 语言的方差分析功能，对不同坡向范围内青蒿素含量的差异性进行对比分析，结果显示：不同坡向之间青蒿素含量之间差异性不显著（$P=0.725$），具体如图 5-43 所示。

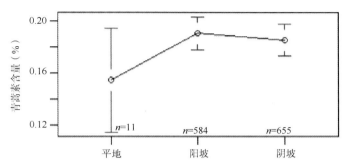

图 5-43 不同坡向范围之间青蒿素含量的均值和置信区间

（四）青蒿素与地形之间的关系分析

利用 R 语言的马赛克绘图功能，以青蒿素含量（Qa）为依据，分为 9 个档，其中：第 1 档：Qa ≤ 0.1%，第 2 档：0.1% < Qa ≤ 0.2%，第 3 档：0.2% < Qa ≤ 0.3%，第 4 档：0.3% < Qa ≤ 0.4%，第 5 档：0.4% < Qa ≤ 0.5%，第 6 档：0.5% < Qa ≤ 0.6%，第 7 档：0.6% < Qa ≤ 0.7%，第 8 档：0.7% < Qa ≤ 0.8%，第 9 档：Qa > 0.8%。

对青蒿素与坡向、坡度和海拔之间的关系进行分析，结果如图 5-44、图 5-45 所示。由图 5-44 可以看出大部分样本都分布在阴坡或阳坡，且海拔 < 500m 的区域；青蒿素含量 ≤ 0.2% 的样本量占比超过 50%；总体而言，海拔越高的地方，青蒿素含量越高。在模型独立的条件下，分布在阳坡、海拔 < 200m，青蒿素含量 ≤ 0.1% 的样本量超过模型预期值；分布在阴坡，海拔 < 200m，青蒿素含量（0.1% < Qa ≤ 0.2%）的样本量低于模型预期值。由图 5-45 可以看出分布在坡度（2° < P ≤ 6°）、海拔 < 500m 的区域内，青蒿样本量占比相对较大，其中青蒿中青蒿素含量（Qa ≤ 0.2%）的样本量超过 50%。在模型独立的条件下，坡度（0° < P ≤ 2°），海拔 < 200m，青蒿素含量（0.1% < Qa ≤ 0.2%）的样本量超出模型预期值。

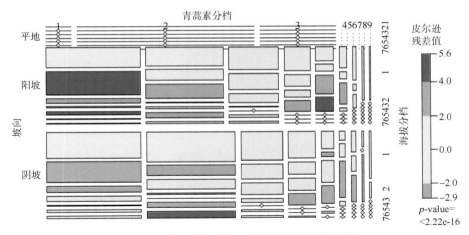

图 5-44 青蒿素与坡向和海拔之间的马赛克图

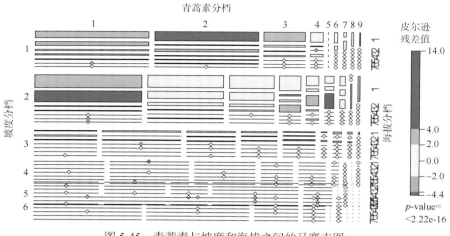

图 5-45　青蒿素与坡度和海拔之间的马赛克图

（五）基于海拔梯度的青蒿素含量空间分布特征

利用 R 语言的统计函数，计算不同海拔分档内青蒿素含量的最小值、最大值、均值、中位数、1/4 分位数、3/4 分位数等基本统计量，结果如表 5-5 所示。

表 5-5　不同海拔分档内青蒿素含量统计量

海拔分档	个数	标准差	最小值	均值	最大值	1/4 分位数	中位数	3/4 分位数
第 1 档	516	0.164	0.001	0.187	0.923	0.061	0.161	0.258
第 2 档	319	0.141	0.001	0.148	0.809	0.041	0.104	0.234
第 3 档	215	0.175	0.007	0.248	0.785	0.120	0.185	0.365
第 4 档	80	0.161	0.007	0.263	0.518	0.088	0.304	0.401
第 5 档	20	0.026	0.043	0.083	0.140	0.061	0.089	0.103
第 6 档	55	0.073	0.012	0.145	0.492	0.105	0.137	0.175
第 7 档	45	0.059	0.034	0.143	0.309	0.104	0.148	0.169

根据不同海拔梯度条件下，青蒿素含量的 1/4 分位数为下限、青蒿素含量的 3/4 分位数为上限（具体见表 5-5）；利用 ArcGIS、基于中国的海拔梯度和行政区划边界，绘制青蒿素含量的空间分布图，结果如图 5-46 所示。由图 5-46 可以看出，仅考虑海拔梯度的影响，红色区域内的青蒿素含量相对较高，中国东北、西北地区红色区域的面积相对较大；绿色区域内的青蒿素含量相对较低，中国东南地区绿色区域的面积相对较大。

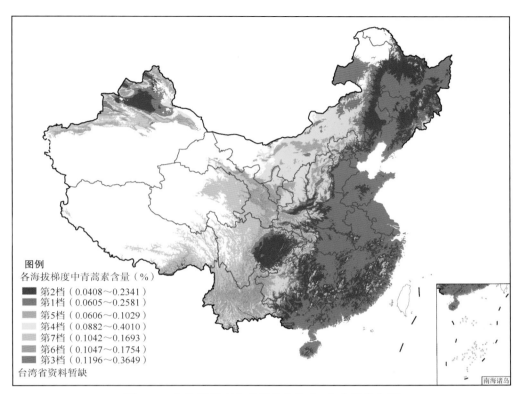

图 5-46　各海拔梯度内青蒿素含量（%）空间分布图

（六）青蒿素含量与生态环境因素之间的关系

根据图 3-16 与图 5-13、图 3-17 与图 5-14、表 3-3 与表 5-2 的对比分析结果，可知：仅考虑植被因素的影响，青蒿个体数量和青蒿素含量的特征规律是相异的。

根据图 3-21 与图 5-18、图 3-21 与图 5-19、表 3-4 与表 5-3 的对比分析结果，可知：仅考虑土壤类型因素的影响，青蒿的个体数量和青蒿素含量与土壤类型之间的分布规律特征是相异的。

根据图 5-24 与图 3-24、图 5-25 与图 3-25、表 5-4 与表 3-5 的对比分析结果，可知：仅考虑气候因素的影响，青蒿的个体数量和青蒿素含量，与气候之间的分布规律特征是相异的。

根据图 3-28 与图 5-34、图 3-29 与图 5-39、表 3-6 与表 5-5 的对比分析结果，可知：仅考虑海拔因素的影响，青蒿个体数量和青蒿素含量的特征规律是相异的。

第三节　青蒿乙素空间分布规律

为明确各省（区、市）青蒿药材中青蒿乙素含量高低，基于实地调查结果，运用探索性空间数据分析、趋势面分析等空间统计分析技术，对我国各省（区、市）青蒿中青蒿乙素含量进行研究，分析其空间差异特性、分布规律。

一、青蒿乙素含量的空间分布特征

（一）青蒿乙素含量的空间自相关性分析

根据我国各省（区、市）青蒿乙素含量的平均值，应用 ArcGIS 制图功能，生成 19 个省（区、市）青蒿乙素含量的柱状图，结果如图 5-47 所示。由图 5-47 可以看出各地青蒿乙素含量存在一定的差异，华北地区各省、江苏和辽宁地区的青蒿乙素含量较高。

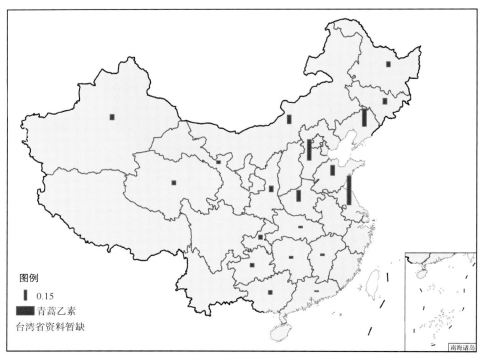

图 5-47　各省（区、市）青蒿乙素含量

选取我国各省（区、市）青蒿乙素含量平均值，计算全局空间自相关 I 指数，并计算其检验的标准化统计量 Z，结果如图 5-48 所示。

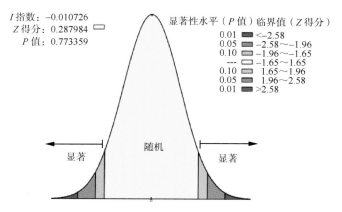

图 5-48　青蒿乙素含量全局空间自相关结果图

其中：I 指数 = –0.01 指数，标准化统计量 Z=0.29，P=0.77；在正态分布假设条件下，I 指数检验结果空间自相关性较弱。表明：各省（区、市）青蒿乙素含量平均值存在着弱的、负的空间自相关；各省（区、市）青蒿乙素含量平均值高低，具有较弱的空间离散分布特征。

应用 ArcGIS 软件绘制各省（区、市）青蒿乙素含量的趋势图，结果如图 5-49 所示，从整体研究区域来看，

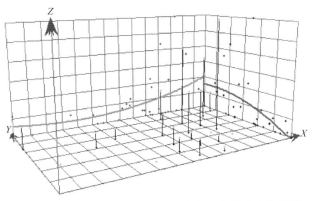

图 5-49　各省（区、市）青蒿乙素含量高低分布趋势图

自北向南有逐渐减少的趋势，由西向东有先减少后逐渐增加的趋势。

（二）青蒿乙素含量的空间差异性分析

1. 空间自相关分析结果

通过空间自相关分析，从整体上表明了全国青蒿乙素含量分布态势。为了进一步分析各省（区、市）青蒿乙素含量的空间相关性，结合局部空间自相关模型进一步分析。通过计算 LISA 指数、显著水平检验，其中显著性水平大于 95% 的地区，结果如图 5-50 所示，总体上青蒿乙素含量高的省域仍然占少数。

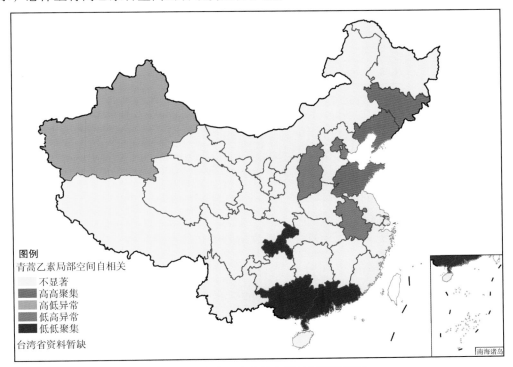

图 5-50　青蒿乙素含量自相关显著性检验

2. G 指数分析结果

根据各省（区、市）青蒿乙素含量，应用 ArcGIS 软件计算 G 统计量，计算其检验的标准化统计量 Z。用自然断裂法（Jenks）进一步对数据进行可视化处理，将数值由低到高划分为 3 类，分别为：冷点地区、温点地区和热点地区，结果如图 5-51 所示。由图 5-51 可以看出：

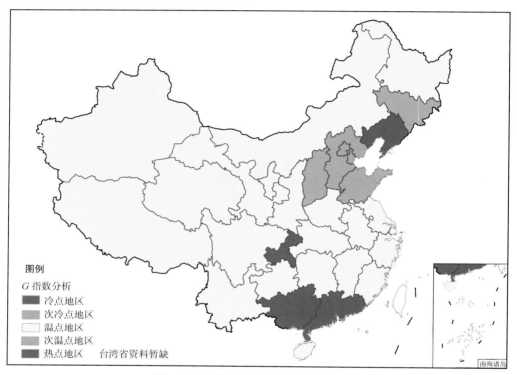

图 5-51　青蒿乙素含量 G 指数分析结果

（1）总体上热点省份占总数的 19%；这些省的 Z 值在 0.05 的显著性水平下显著，青蒿乙素含量平均值高的省（区、市）在空间上相连成片分布，其青蒿乙素含量趋于高值空间聚集；总体上分布在华北的河北、山东和东北的辽宁等地。

（2）冷点省份占总数的 9.7%；这些省的 Z 值在 0.05 的显著性水平下显著，青蒿乙素含量较低，青蒿乙素含量趋于低值空间聚集；总体上冷点地区分布在重庆、广西和广东。

（3）温点省份个数最多，属于青蒿乙素含量高值和低值的过渡区域。

（三）青蒿乙素含量的空间分布估计

运用 R 语言绘制 Moran 散点图，进一步分析各省（区、市）青蒿乙素的局部空间相关性，结果如图 5-52 所示。由图 5-52 可以看出：山东、河北等 5 个省的青蒿乙素含量属于高值聚集区。

通过图 5-52 第一和第三象限点的密度，可以看出青蒿乙素含量的低值聚集区在空间相关方面的贡献较大（第三象限点的密度大）。

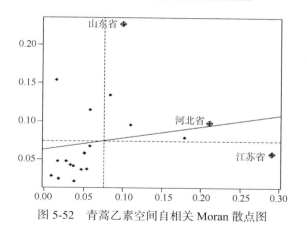

图 5-52 青蒿乙素空间自相关 Moran 散点图

应用 ArcGIS 空间分析模块中的 Kriging 插值方法，进行青蒿乙素含量分布情况的空间估计；同时基于青蒿潜在分布概率研究结果，形成青蒿乙素含量空间分布图，结果如图 5-53 所示。由图 5-53 可以看出，环渤海、黄河下游和长江下游地区青蒿中的青蒿乙素含量较高。

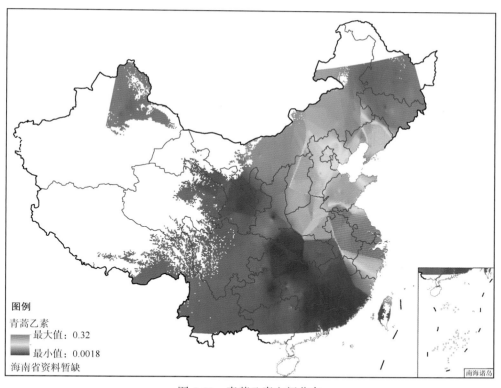

图 5-53 青蒿乙素空间分布

二、青蒿乙素与生态因子之间的相关性分析

用 R 语言的"相关图"绘图功能，对青蒿乙素含量与海拔、辐射量、降雨量、温度、湿度、

日照时数、无霜期等生态因子之间的关系进行分析，结果如图 5-54 所示。由图 5-54 可以看出：青蒿乙素含量与海拔、降雨量、温度、湿度呈负相关关系；青蒿乙素含量与日照时数、辐射量呈正相关关系。

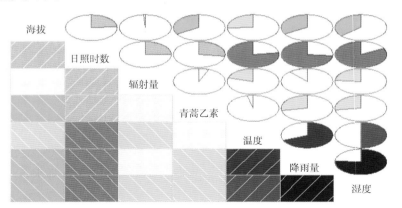

图 5-54　青蒿乙素含量与环境因子之间的相关关系图

三、青蒿乙素与植被类型之间的关系分析

基于青蒿采样点的位置，对各区域间青蒿乙素含量与植被类型之间的关系进行分析，明确不同区域的青蒿，仅受植被类型的影响，青蒿中青蒿乙素含量的变化规律。

（一）描述分析

利用 R 语言的"小提琴图"和"缺口箱线、散点图、地毯图"绘图功能，对青蒿乙素含量与植被类型之间的关系进行分析，结果如图 5-55、图 5-56 所示。

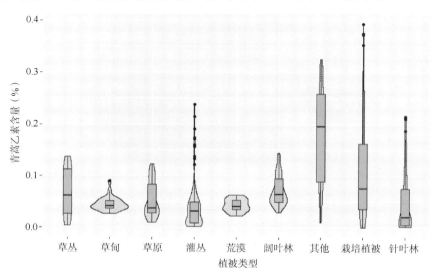

图 5-55　青蒿乙素含量与植被类型之间的小提琴图

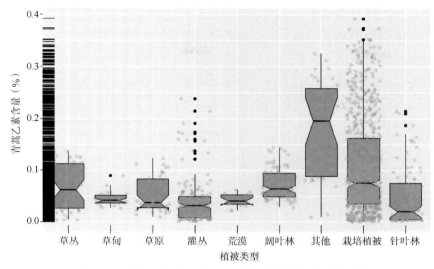

图 5-56 青蒿乙素含量与植被类型之间的箱线散点地毯图

由图 5-55、图 5-56 可以看出：生长在灌丛和针叶林内的青蒿，青蒿中青蒿乙素含量较低；生长在其他、栽培植被、阔叶林和草丛内的青蒿，青蒿中青蒿乙素含量较高。生长在草甸、草原、灌丛、荒漠和阔叶林等植被类型内的青蒿，青蒿中青蒿乙素含量低的占比较高。生长在其他、草丛和草原等植被内的青蒿，青蒿中青蒿乙素含量的组内差异较大。灌丛、针叶林和栽培植被类型中的离群值较多。栽培植被类型内的样本量相对较多，荒漠类型内的样本量相对较少。

（二）各植被类型内青蒿乙素含量的差异性分析

利用 R 语言的方差分析功能，对不同植被类型之间，青蒿乙素含量的差异性进行分析，结果显示：不同植被类型间青蒿乙素含量有显著性差异（$P = 2e-16$），各植被类型内青蒿采样点样本数和青蒿乙素含量均值，具体如图 5-57 所示。

利用 R 语言方差分析的多重比较功能，对不同植被类型之间青蒿乙素含量均值的差异性进行对比分析，结果如图 5-58 所示。由图 5-58 可以看出，生长在其他和栽培植被类型内的青蒿，青蒿中的青蒿乙素含量与其他植被类型之间的差异性显著。

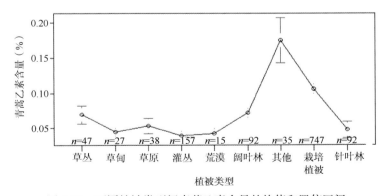

图 5-57 不同植被类型间青蒿乙素含量的均值和置信区间

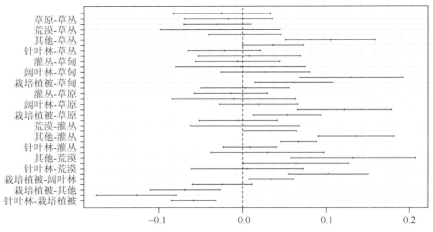

图 5-58　不同植被类型之间青蒿乙素含量成对对比

（三）基于植被类型的青蒿乙素含量空间分布特征

利用 R 语言的统计函数，计算不同植被类型内青蒿乙素含量的最小值、最大值、均值、中位数、1/4 分位数、3/4 分位数等基本统计量，结果如表 5-6 所示。由表 5-6 可知，生长在其他、栽培植被、阔叶林和草丛等植被类型中的青蒿，青蒿中青蒿乙素的含量相对较高。

根据不同植被类型条件下，青蒿乙素含量的 1/4 分位数为下限、青蒿乙素含量的 3/4 分位数为上限（具体见表 5-6）；利用 ArcGIS、基于中国的植被类型和行政区划边界，绘制青蒿乙素含量的空间分布图，结果如图 5-59 所示。由图 5-59 可以看出：仅考虑植被类型的影响，红色区域内的青蒿素含量相对较高，中国东北地区红色区域的面积较大。

表 5-6　不同植被类型内青蒿乙素含量统计量

植被类型	个数	标准差	最小值	均值	最大值	1/4 分位数	中位数	3/4 分位数
草丛	47	0.0444	0.0032	0.0696	0.1372	0.0258	0.0617	0.1123
草甸	27	0.0135	0.0262	0.0448	0.0894	0.0368	0.0413	0.0518
草原	38	0.0336	0.0088	0.0529	0.1221	0.0272	0.0368	0.0825
灌丛	157	0.0426	0.0014	0.0390	0.2379	0.0084	0.0312	0.0487
荒漠	15	0.0128	0.0214	0.0423	0.0630	0.0343	0.0399	0.0528
阔叶林	92	0.0289	0.0283	0.0722	0.1443	0.0493	0.0635	0.0940
其他	35	0.0939	0.0094	0.1749	0.3257	0.0882	0.1947	0.2582
栽培植被	747	0.0928	0.0006	0.1062	0.3920	0.0355	0.0748	0.1618
针叶林	92	0.0577	0.0019	0.0479	0.2138	0.0047	0.0196	0.0755

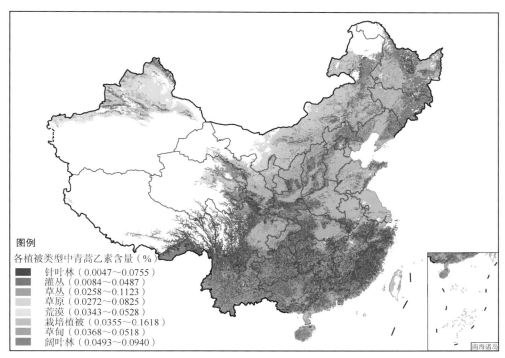

图 5-59 基于植被类型的青蒿乙素含量空间分布图

四、青蒿乙素与土壤类型之间的关系分析

基于青蒿采样点位置，对各区域间青蒿乙素与土壤类型之间的关系进行分析，明确不同区域的青蒿，仅受土壤类型的影响，青蒿中青蒿乙素含量的变化规律。

（一）描述分析

利用 R 语言的"小提琴图"和"缺口箱线、散点图、地毯图"绘图功能，对青蒿乙素与土壤类型之间的关系进行分析，结果如图 5-60、图 5-61 所示。

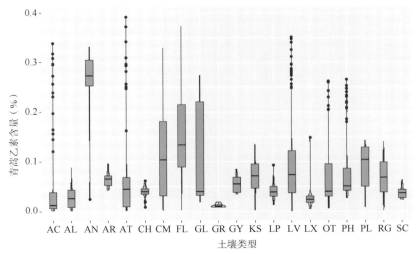

图 5-60 青蒿乙素与土壤类型之间的小提琴图

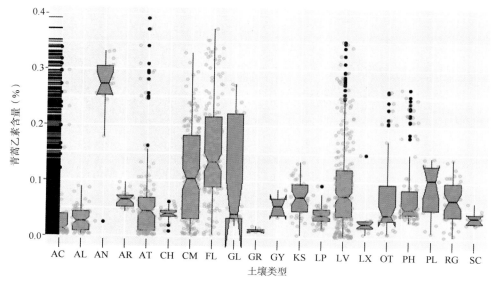

图 5-61　青蒿乙素与土壤类型之间的箱线散点地毯图

由图 5-60、图 5-61 可以看出，生长在火山灰土、冲积土、雏形土、潜育土上的青蒿，青蒿中青蒿乙素含量较高；生长在灰色土上的青蒿，青蒿中青蒿乙素含量较低；生长在雏形土、冲积土、潜育土上的青蒿，青蒿中青蒿乙素含量差异较大。

（二）各土壤类型内青蒿乙素的差异性分析

利用 R 语言的方差分析功能，对不同土壤类型之间，青蒿乙素含量的差异性进行分析，结果显示：不同土壤类型之间的青蒿乙素含量有显著性差异（$P = 2e\text{-}16$），各土壤类型内青蒿采样点样本数和青蒿乙素含量均值，具体如图 5-62 所示。

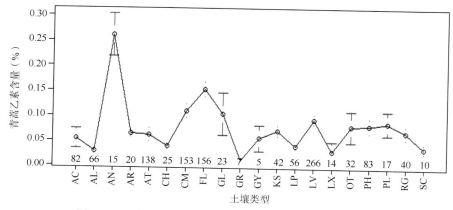

图 5-62　不同土壤类型间青蒿乙素含量的均值和置信区间

利用 R 语言方差分析的多重比较功能，对不同土壤类型之间青蒿乙素含量均值的差异性进行对比分析，结果如图 5-63 所示。

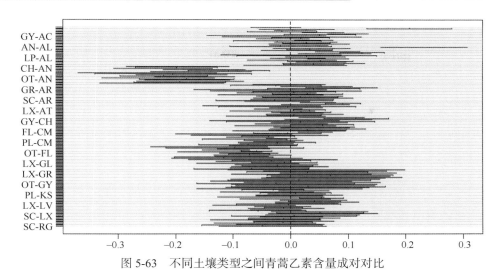

图 5-63　不同土壤类型之间青蒿乙素含量成对对比

（三）基于土壤类型的青蒿乙素含量空间分布特征

利用 R 语言的统计函数，计算不同土壤类型内青蒿乙素含量的最小值、最大值、均值、中位数、1/4 分位数、3/4 分位数等基本统计量，结果如表 5-7 所示。

根据不同土壤类型条件下，青蒿乙素含量的 1/4 分位数为下限、青蒿乙素含量的 3/4 分位数为上限（具体见表 5-7）；利用 ArcGIS、基于中国的土壤类型和行政区划边界，绘制青蒿乙素含量的空间分布图，结果如图 5-64 所示。

表 5-7　不同土壤类型内青蒿乙素含量统计量

代码 / 土壤类型	个数	标准差	最小值	均值	最大值	1/4 分位数	中位数	3/4 分位数
AC 低活性强酸土	82	0.09	0.00	0.05	0.34	0.01	0.01	0.04
AL 高活性强酸土	66	0.02	0.00	0.03	0.09	0.01	0.03	0.04
AN 火山灰土	15	0.08	0.03	0.26	0.33	0.25	0.27	0.30
AR 砂性土	20	0.01	0.04	0.07	0.10	0.05	0.07	0.07
AT 人为土	138	0.08	0.00	0.06	0.39	0.01	0.05	0.07
CH 黑钙土	25	0.01	0.01	0.04	0.06	0.04	0.04	0.05
CM 雏形土	153	0.08	0.00	0.11	0.33	0.03	0.10	0.18
FL 冲积土	156	0.09	0.00	0.15	0.37	0.09	0.13	0.21
GL 潜育土	23	0.10	0.02	0.11	0.27	0.03	0.04	0.22
GR 灰色土	7	0.00	0.01	0.01	0.02	0.01	0.01	0.01
GY 石膏土	5	0.02	0.04	0.06	0.09	0.04	0.06	0.07
KS 栗钙土	42	0.03	0.00	0.07	0.13	0.05	0.07	0.10
LP 薄层土	56	0.02	0.01	0.04	0.09	0.03	0.04	0.05
LV 高活性淋溶土	266	0.08	0.00	0.09	0.35	0.04	0.07	0.12
LX 低活性淋溶土	14	0.03	0.01	0.03	0.15	0.02	0.02	0.03

续表

代码 / 土壤类型	个数	标准差	最小值	均值	最大值	1/4 分位数	中位数	3/4 分位数
OT 其他	32	0.09	0.01	0.08	0.26	0.03	0.04	0.10
PH 黑土	83	0.07	0.03	0.08	0.27	0.04	0.05	0.09
PL 黏磐土	17	0.05	0.01	0.09	0.14	0.05	0.10	0.13
RG 疏松岩性土	40	0.04	0.00	0.07	0.14	0.04	0.07	0.10
SC 盐土	10	0.01	0.02	0.04	0.06	0.03	0.04	0.04

由图 5-64 可以看出：仅考虑土壤类型的影响，红色区域内的青蒿乙素含量相对较高，中国华北地区和西北地区红色区域的面积较大。

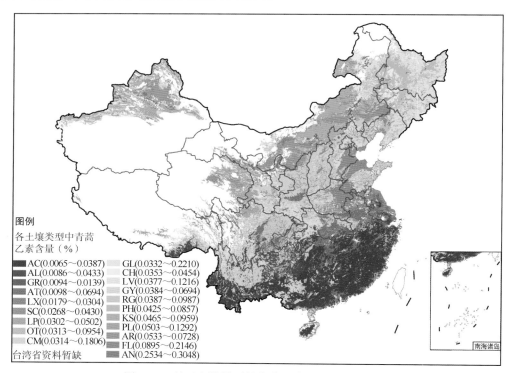

图 5-64   基于土壤类型的青蒿乙素含量空间分布图

五、青蒿乙素与气候因素之间的关系分析

基于青蒿采样点位置，对各区域间青蒿乙素含量与气候因素之间的关系进行分析，明确不同区域的青蒿仅受气候因素的影响，青蒿中青蒿乙素含量的变化规律。

（一）描述分析

利用 R 语言的"小提琴图"和"缺口箱线、散点图、地毯图"绘图功能，对各气候带内采样地之间，青蒿中青蒿乙素含量均值的关系进行分析，结果如图 5-65、图 5-66 所示。

由图 5-65、图 5-66 可以看出：生长在中亚热带、南亚热带内的青蒿，青蒿中青蒿乙素含量较低，生长在南温带、北亚热带内的青蒿，青蒿中青蒿乙素含量的组内差异较大。生长在中温带内的青蒿，青蒿中青蒿乙素的离群值较多。中温带和南温带内的样本量相对较多，南亚热带内的样本量相对较少。

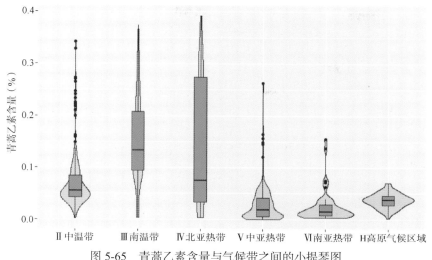

图 5-65　青蒿乙素含量与气候带之间的小提琴图

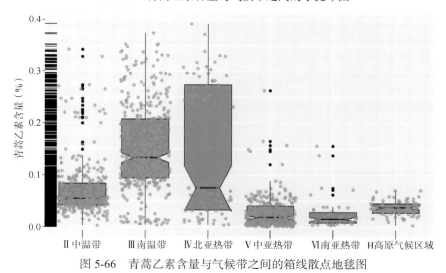

图 5-66　青蒿乙素含量与气候带之间的箱线散点地毯图

（二）各气候类型内青蒿乙素的差异性分析

利用 R 语言的方差分析功能，对不同气候带之间，青蒿乙素含量的差异性进行分析，结果显示：不同气候带之间的青蒿乙素含量有显著性差异（$P = 2e-16$），各气候带内青蒿采样点样本数和青蒿乙素含量均值，具体如图 5-67 所示。

由图 5-66 可以看出，北亚热带组内的差异性较大；对比图 5-66 和图 5-67，可以看出，用中位数和均值进行组间差异性分析，北亚热带对方差分析结果的影响较大。

利用 R 语言方差分析的多重比较功能，对不同气候带之间青蒿乙素含量均值的差异性进行对比分析，结果如图 5-68 所示。

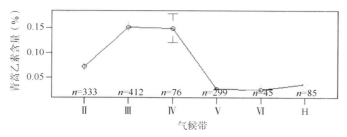

图 5-67　不同气候带间青蒿乙素含量的均值和置信区间

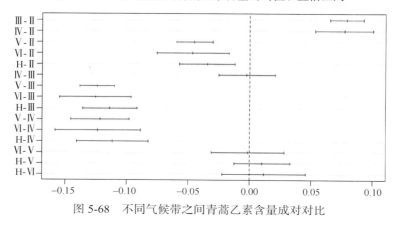

图 5-68　不同气候带之间青蒿乙素含量成对对比

（三）基于气候类型的青蒿乙素含量空间分布特征

利用 R 语言的统计函数，计算不同气候带内青蒿乙素含量的最小值、最大值、均值、中位数、1/4 分位数、3/4 分位数等基本统计量，结果如表 5-8 所示。

表 5-8　不同气候带内青蒿乙素含量统计量

代码/气候带	个数	标准差	最小值	均值	最大值	1/4 分位数	中位数	3/4 分位数
Ⅱ 中温带	333	0.052	0.003	0.072	0.342	0.043	0.055	0.085
Ⅲ 南温带	412	0.082	0.003	0.151	0.374	0.094	0.133	0.207
Ⅳ 北亚热带	76	0.126	0.003	0.149	0.392	0.033	0.075	0.275
Ⅴ 中亚热带	299	0.029	0.001	0.027	0.263	0.006	0.018	0.041
Ⅵ 南亚热带	45	0.031	0.003	0.025	0.156	0.009	0.015	0.028
H 高原气候区域	85	0.014	0.003	0.037	0.071	0.027	0.037	0.045

根据不同气候类型条件下，青蒿乙素含量的 1/4 分位数为下限、青蒿乙素含量的 3/4 分位数为上限（具体见表 5-8）；利用 ArcGIS、基于中国的气候带和行政区划边界，绘制青蒿乙素含量的空间分布图，结果如图 5-69 所示。

由图 5-69 可以看出：仅考虑气候的影响，红色区域内的青蒿乙素含量相对较高，中国华北地区及东北和新疆地区红色区域的面积较大。

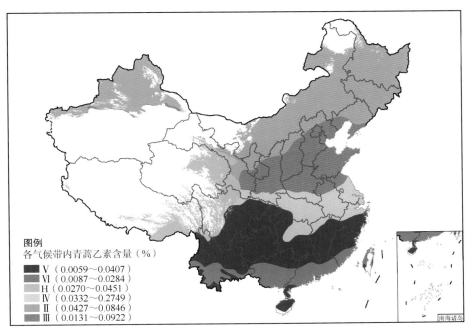

图5-69　各气候带的青蒿乙素含量空间分布图

六、青蒿乙素与地形之间的关系分析

对青蒿乙素与地形之间的关系进行分析，明确不同地形条件下，青蒿仅受地形影响，青蒿中青蒿乙素含量的变化规律。

（一）描述性分析

1.海拔总体情况

为明确不同海拔梯度之间青蒿乙素含量的差异性，以海拔梯度为依据，对各采样地进行分组。利用R语言的"小提琴图"和"缺口箱线、散点图、地毯图"绘图功能，对青蒿乙素含量与海拔之间的关系进行分析，结果如图5-70、图5-71所示。

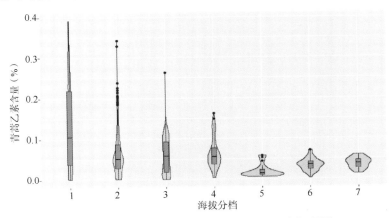

图5-70　青蒿乙素含量与海拔梯度之间的小提琴图

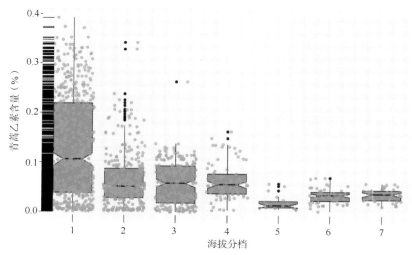

图 5-71 青蒿乙素含量与海拔梯度之间的箱线散点地毯图

由图 5-70、图 5-71 可以看出：第 1、2、3、4 档内的青蒿乙素含量相对较高。第 5、6、7 档内的青蒿乙素含量相对较低。第 1、3 档海拔内的青蒿乙素含量的差异性较大。

2. 坡度总体情况

为明确青蒿乙素含量与坡度之间的关系，以坡度（P）为依据对各采样地进行分组。利用 R 语言的"小提琴图"和"缺口箱线、散点图、地毯图"绘图功能，对青蒿乙素含量与坡度之间的关系进行分析，结果如图 5-72、图 5-73 所示。

由图 5-72、图 5-73 可以看出：坡度在 10°～30° 之间，区域内青蒿中青蒿乙素含量相对较低；坡度小于 10° 或大于 30° 的条件下，区域内青蒿中青蒿乙素含量相对较高。

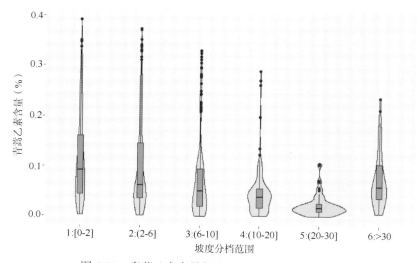

图 5-72 青蒿乙素含量与坡度范围之间的小提琴图

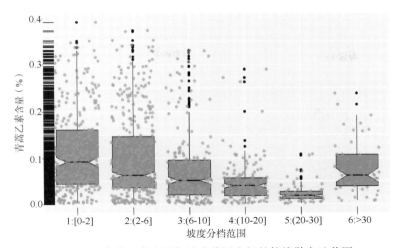

图 5-73　青蒿乙素含量与坡度范围之间的箱线散点地毯图

3. 坡向总体情况

利用 R 语言的"小提琴图"和"缺口箱线、散点图、地毯图"绘图功能，对不同坡向（0：平地，1：阳坡，2：阴坡）之间青蒿乙素含量的均值进行对比分析，结果如图 5-74、图 5-75 所示。

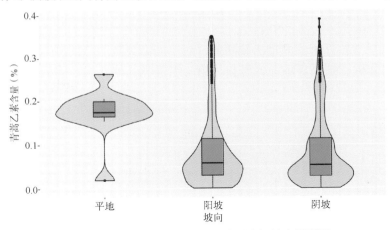

图 5-74　青蒿乙素含量与坡向范围之间的小提琴图

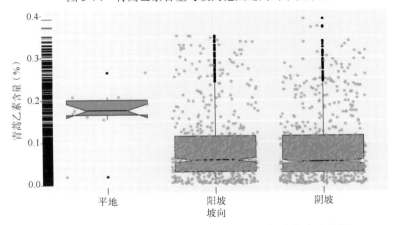

图 5-75　青蒿乙素含量与坡向范围之间的箱线散点地毯图

　　由图 5-74、图 5-75 可以看出，阳坡和阴坡两个箱的凹槽相互接近重叠，表明它们的中位数之间没有显著差异。平地内的样地数量相对较少，阴坡和阳坡内的样地数量接近，均相对较多。

（二）不同地形条件下青蒿乙素含量的差异性分析

1. 不同海拔之间青蒿乙素含量的差异性

　　利用 R 语言的方差分析功能，对不同海拔范围内青蒿乙素的差异性进行对比分析，结果显示：不同海拔梯度范围之间青蒿乙素含量有显著性差异（$P = 2e\text{-}16$），具体如图 5-76 所示。

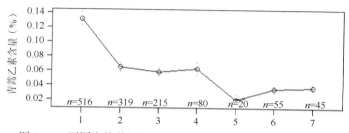

图 5-76　不同海拔范围之间青蒿乙素含量的均值和置信区间

　　利用 R 语言方差分析的多重比较功能，对不同海拔范围之间青蒿乙素含量均值的差异性进行对比分析，结果显示：低海拔（第 1 组）和其他 6 组之间的差异性显著，结果如图 5-77 所示。

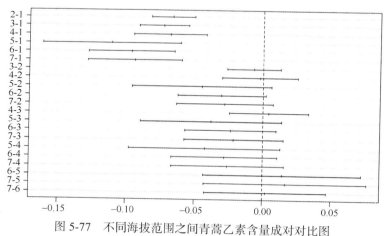

图 5-77　不同海拔范围之间青蒿乙素含量成对对比图

2. 不同坡度之间青蒿乙素含量的差异性

　　利用 R 语言的方差分析功能，对不同坡度范围内青蒿乙素的差异性进行对比分析，结果显示：不同坡度范围之间青蒿乙素含量有显著性差异（$P = 2e\text{-}16$），具体如图 5-78 所示。

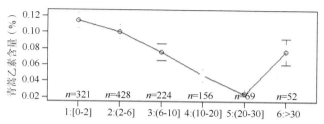

图 5-78 不同坡度范围之间青蒿乙素含量的均值和置信区间

利用 R 语言方差分析的多重比较功能，对不同坡度范围之间青蒿乙素含量均值的差异性进行对比分析，结果如图 5-79 所示。

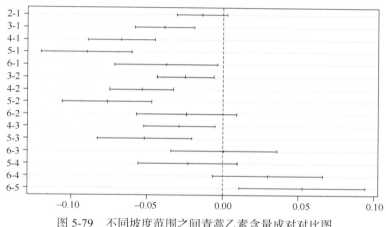

图 5-79 不同坡度范围之间青蒿乙素含量成对对比图

3. 不同坡向之间青蒿乙素含量的差异性

利用 R 语言的方差分析功能，对不同坡向范围内青蒿乙素的差异性进行对比分析，结果显示：不同坡向之间青蒿乙素含量之间差异性显著（$P = 0.001$），具体如图 5-80 所示。

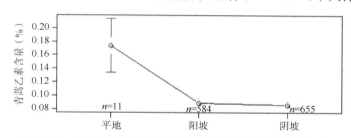

图 5-80 不同坡向范围之间青蒿乙素含量的均值和置信区间

（三）青蒿乙素与地形之间的关系分析

利用 R 语言的马赛克绘图功能，对青蒿乙素含量与坡向、坡度和海拔之间的关系进行分析，结果如图 5-81、图 5-82 所示。

由图 5-81、图 5-82 可以看出，大部分青蒿都分布在坡度为 1 和 2 档，海拔梯度为 1，坡向为 1 和 2 的区域，采样点的样本量较多，且青蒿乙素含量在 1、2、3 档。

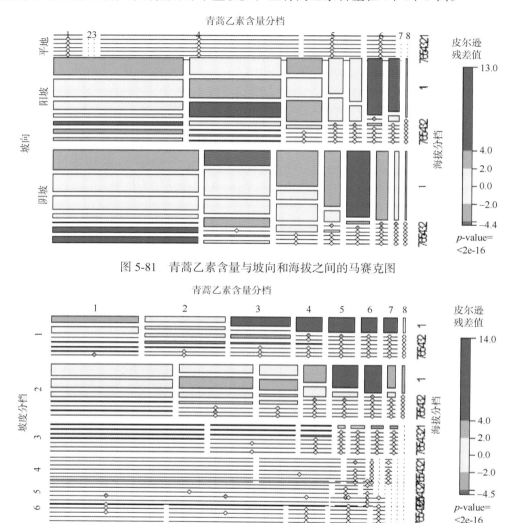

图 5-81　青蒿乙素含量与坡向和海拔之间的马赛克图

图 5-82　青蒿乙素含量与坡度和海拔之间的马赛克图

（四）基于海拔梯度的青蒿乙素含量空间分布特征

利用 R 语言的统计函数，计算不同海拔分档内青蒿乙素含量的最小值、最大值、均值、中位数、1/4 分位数、3/4 分位数等基本统计量，结果如表 5-9 所示。

表 5-9　不同海拔分档内青蒿乙素含量统计量

海拔分档	个数	标准差	最小值	均值	最大值	1/4 分位数	中位数	3/4 分位数
第 1 档	516	0.1036	0.0013	0.1310	0.3920	0.0389	0.1054	0.2194
第 2 档	319	0.0542	0.0019	0.0647	0.3418	0.0289	0.0517	0.0874
第 3 档	215	0.0430	0.0006	0.0581	0.2633	0.0182	0.0582	0.0935
第 4 档	80	0.0366	0.0031	0.0627	0.1621	0.0373	0.0558	0.0772

续表

海拔分档	个数	标准差	最小值	均值	最大值	1/4 分位数	中位数	3/4 分位数
第 5 档	20	0.0154	0.0063	0.0202	0.0585	0.0099	0.0140	0.0224
第 6 档	55	0.0150	0.0027	0.0346	0.0706	0.0237	0.0353	0.0418
第 7 档	45	0.0128	0.0126	0.0369	0.0596	0.0265	0.0374	0.0457

根据不同海拔梯度条件下,青蒿乙素含量的 1/4 分位数为下限、青蒿乙素含量的 3/4 分位数为上限(具体见表 5-9);利用 ArcGIS、基于中国的海拔梯度和行政区划边界,绘制青蒿乙素含量的空间分布图,结果如图 5-83 所示。

由图 5-83 可以看出:仅考虑海拔梯度的影响,红色区域内的青蒿乙素含量相对较高,中国华北、华东、华中以及东北部分地区红色区域的面积较大。

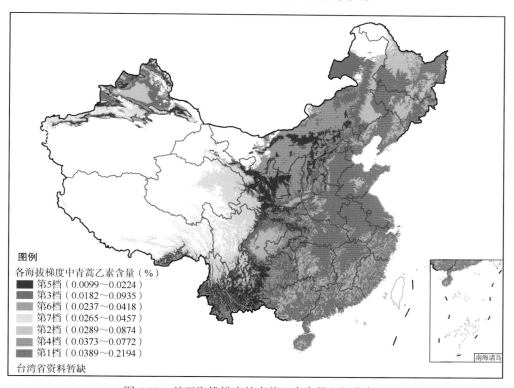

图 5-83 基于海拔梯度的青蒿乙素含量空间分布图

第四节 青蒿酸空间分布规律

为明确各省(区、市)青蒿药材中青蒿酸含量高低,基于实地调查结果,运用探索性空间数据分析、趋势面分析等空间统计分析技术,对我国各省(区、市)青蒿中青蒿酸含量进行研究,分析其空间差异特性、分布规律。在此基础上,基于青蒿中青蒿酸含量对我国不同地区所产青蒿的质量进行评价研究。

一、青蒿酸含量的空间分布特征

（一）青蒿酸含量的空间自相关性分析

根据我国各省（区、市）青蒿酸含量的平均值，应用ArcGIS制图功能，生成19个省（区、市）青蒿酸含量的柱状图，结果如图5-84所示，各地青蒿酸含量存在一定的差异，江苏、河北和辽宁等地的青蒿中青蒿酸含量较高。

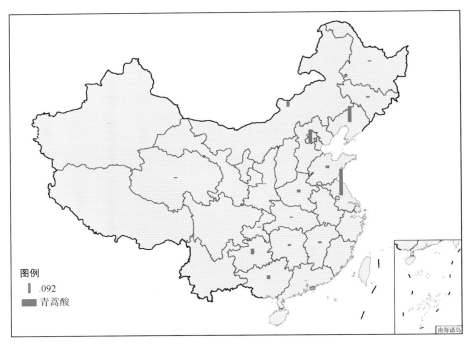

图5-84　各省（区、市）青蒿酸含量

选取我国各省（区、市）青蒿酸含量，计算全局空间自相关 I 指数，并计算其检验的标准化统计量 Z，结果如图5-85所示。

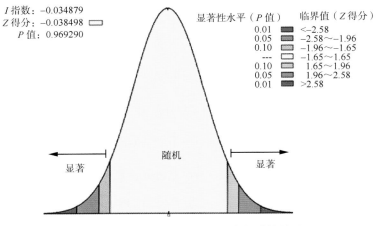

图5-85　青蒿酸含量全局空间自相关结果图

其中：$I = -0.03$ 指数，标准化统计量 $Z = -0.04$，$P = 0.97$；在正态分布假设条件下，I 指数检验结果不显著。表明：各省（区、市）青蒿酸含量平均值存在着弱的、负的空间自相关；各省（区、市）青蒿酸含量平均值高低，具有较弱的空间离散分布特征。

应用 ArcGIS 软件绘制各省（区、市）青蒿酸含量的趋势图，结果如图 5-86 所示。由整体研究区域来看，青蒿中青蒿酸含量，由南向北有逐渐增加的趋势，由西向东逐渐增加的趋势。总体上华北各省（区、市）青蒿中的青蒿酸含量较高。

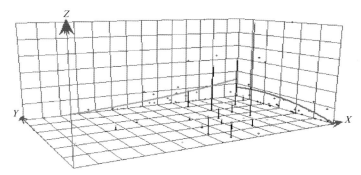

图 5-86　各省（区、市）青蒿酸含量高低分布趋势图

（二）青蒿酸含量的空间差异性分析

1. 空间自相关分析结果

为了进一步分析各省（区、市）青蒿酸含量的空间相关性，结合局部空间自相关模型进一步分析。通过计算 LISA 指数、显著水平检验，其中显著性水平大于 95% 的地区，结果如图 5-87 所示。由图 5-87 可以看出，总体上青蒿酸含量较高的省份占少数。

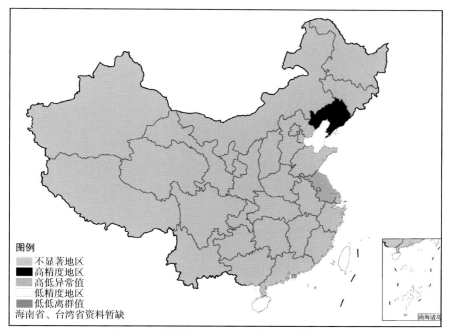

图 5-87　青蒿酸含量空间自相关显著性检验

2. G 指数分析结果

根据各省（区、市）青蒿酸含量，应用 ArcGIS 软件计算 G 统计量，计算其检验的标准化统计量 Z。用自然断裂法（Jenks）进一步对数据进行可视化处理，将数值由低到高划分为 3 类，分别为：冷点地区、温点地区、热点地区，结果如图 5-88 所示。

由图 5-88 可以看出：①总体上热点省份的 Z 值在 0.05 的显著性水平下显著，青蒿酸含量高的省份在空间上相连成片分布，从统计学意义上说，其青蒿酸含量趋于高值空间聚集；总体上分布在河北、辽宁、山东和江苏的周边地区。②没有冷点省份。③温点省份个数最多，青蒿酸含量属于高值和低值过渡区域。

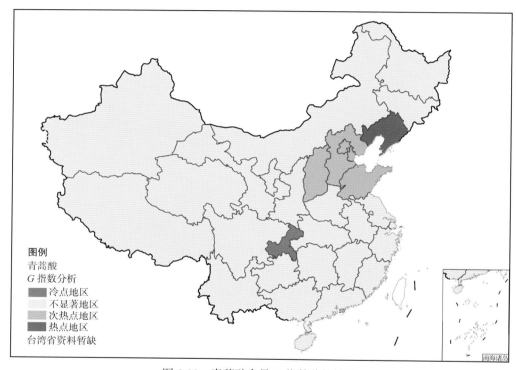

图 5-88　青蒿酸含量 G 指数分析结果

（三）青蒿酸含量的空间分布估计

运用 R 语言绘制 Moran 散点图，进一步分析各省（区、市）青蒿酸的局部空间相关性，结果如图 5-89 所示。由图 5-89 的第一和第三象限点的密度，可以看出青蒿酸含量的低值聚集区在空间相关方面的贡献较大。

应用 ArcGIS 空间分析模块中 Kriging 插值方法，进行青蒿酸含量分布情况的空间估计；同时基于青蒿潜在分布概率研究结果，对青蒿酸含量进行空间估计，结果如图 5-90 所示。由图 5-90 可以看出，长江和黄河下游地区的青蒿中的青蒿酸含量较高。总体上青蒿酸含量高的区域分布在华北各省，青蒿酸含量趋于高值空间聚集；青蒿酸含量低的区域分布在中部地区。

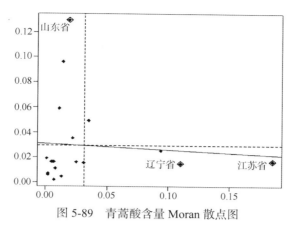

图 5-89　青蒿酸含量 Moran 散点图

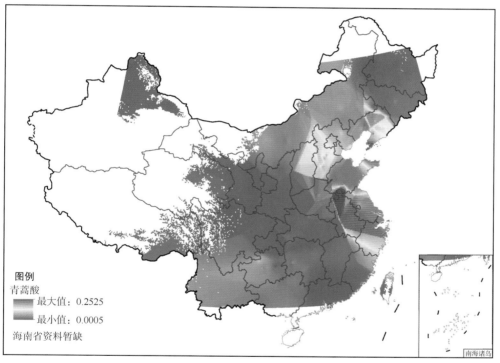

图 5-90　青蒿酸含量空间分布

二、青蒿酸与环境因素之间的关系分析

为了确定生态环境因子对青蒿中青蒿酸含量的具体影响，选择海拔、坡度、年均降水量、年均气温、年均相对湿度、年均日照、年均辐射量、土壤类型、植被类型，共 9 个因子开展风险探测、因子探测、生态探测和交互探测分析。

（一）风险探测

以海拔数据为例，利用地理探测器模型，比较不同高程分区之间青蒿酸含量的差异性情况，计算得出风险探测的结果如表 5-10所示。

表 5-10　不同高程分区之间青蒿酸含量差异性的统计显著性

	1	2	3	4	5	6
1						
2	Y					
3	Y	N				
4	Y	Y	Y			
5	Y	Y	Y	Y		
6	Y	Y	Y	Y	Y	

注：数字表示不同海拔分区代码，Y 表示两个高程分区之间青蒿酸含量在 95% 的置信度上差异显著，N 则表示不显著

编号 1～6 代表不同的海拔分区。1 代表海拔 h ＜ 500m，2 代表 500m ≤ h ＜ 1000m，3 代表 1000m ≤ h ＜ 2000m，4 代表 2000m ≤ h ＜ 3000m，5 代表 3000m ≤ h ＜ 4000m，6 代表 4000m ≤ h ＜ 5000m。结果表明，将海拔按照以上范围进行分级时，各海拔分区之间的青蒿酸含量的统计显著差异性结果为最佳。

按照先验知识或者最优分类方法（如自然间断法）进行分级。经风险探测器探测，结果表明按以下方法进行等级划分，各因子的统计显著差异性为最佳。各环境因子的风险探测结果如表 5-11 所示。其中：

（1）坡度分为 5 级：＜ 2°、[2-6）°、[7-15）°、[16-25）°、＞ 25°。

（2）年均降水量分为 5 级：＜ 200mm、[200-600）mm、[600-1000）mm、[1000-1500）mm、＞ 1500mm。

（3）年均气温分为 5 级：＜ 2°、[2-7）°、[7-15）°、[15-18）°、＞ 18°。

（4）年均相对湿度分为 6 级：＜ 30%、[30-40）%、[40-50）%、[50-60）%、[60-80）%、＞ 80%。

（5）年均日照分为 5 级：＜ 1000h、[1000-1400）h、[1400-2200）h、[2200-2500）h、＞ 2500h。

（6）年均辐射量分为 4 级：＜ 1200kWh/ m^2、[1200-1400）kWh/ m^2、[1400-1600）kWh/m^2、＞ 1600kWh/m^2。

结合上述分级可知，海拔小于 500m 的区域的平均青蒿酸含量呈现显著高值，而海拔在 [2000-3000）m 之间的区域的平均青蒿酸含量呈现显著低值。

表 5-11　风险探测不同生态环境条件下青蒿酸含量（%）

环境因子		不同分区内青蒿酸含量					
海拔	分区	1	3	2	6	5	4
	含量	0.061	0.025	0.019	0.008	0.005	0.002
坡度	分区	1	2	3	4		
	含量	0.055	0.022	0.010	0.003		
年均降水量	分区	3	4	2	5	1	
	含量	0.068	0.037	0.026	0.014	0.012	

续表

环境因子		不同分区内青蒿酸含量					
年均气温	分区	3	4	2	5	1	
	含量	0.063	0.037	0.014	0.013	0.009	
相对湿度	分区	5	3	4	6		
	含量	0.047	0.036	0.025	0.012		
年均日照	分区	3	5	4	1	2	
	含量	0.063	0.047	0.017	0.015	0.012	
年均辐射量	分区	2	4	3	1		
	含量	0.066	0.047	0.014	0.012		
土壤类型	分区	7	2	29	12	1	9
	含量	0.095	0.053	0.053	0.040	0.029	0.019
	分区	3	5	10	11	6	
	含量	0.019	0.017	0.009	0.007	0.003	
植被类型	分区	11	4	3	6	9	8
	含量	0.155	0.102	0.046	0.033	0.029	0.018
	分区	7	1	5	10		
	含量	0.018	0.014	0.012	0.006		

（二）因子探测

利用地理探测器模型计算得出因子探测的结果,每个因子对青蒿酸含量的贡献量($P_{D,H}$)大小的排序依次为:土壤类型(0.233)＞年均辐射量(0.208)＞植被类型(0.192)＞海拔(0.171)＞日照(0.170)＞年均气温(0.153)＞年均降水量(0.111)＞坡度(0.110)＞相对湿度(0.051)。

结果表明,土壤类型的因子解释力最大,说明土壤类型对青蒿酸含量的空间分布具有主导作用,即土壤类型因子和青蒿酸含量空间分布之间具有最强的一致性。年均辐射量为次要影响因素,说明年均辐射量因子也是影响青蒿酸空间分布的重要因素。

（三）生态探测

生态探测反映各地理环境因子对青蒿酸含量的影响是否具有显著差异。利用地理探测器的生态探测进行分析,结果如表 5-12 所示。

表 5-12 不同环境因子对青蒿酸含量影响的统计显著性差异

环境因子	海拔	相对湿度	日照	年均气温	年均降水量	年均辐射量	坡度	植被类型
相对湿度	N							
日照	N	Y						
年均气温	N	N	N					
年均降水量	N	N	N	N				

续表

环境因子	海拔	相对湿度	日照	年均气温	年均降水量	年均辐射量	坡度	植被类型
年均辐射量	N	Y	N	N	Y			
坡度	N	N	N	N	N	Y		
植被类型	N	Y	N	N	N	N	N	
土壤类型	N	Y	N	N	Y	N	Y	N

注：Y 表示两环境因子之间有显著差异，并通过 0.05 水平显著性检验；N 表示两环境因子之间差异不显著

土壤类型和年均辐射量之间对青蒿酸含量的影响没有显著差异；土壤类型与相对湿度、年均降水量、坡度中任何一个因子对青蒿酸含量的影响都具有显著差异；而相对湿度、年均降水量、坡度、年均气温两两之间对青蒿酸含量的影响没有显著差异。

从聚类的角度看，可将土壤类型和年均辐射量划分为对青蒿酸含量影响较大的一类。而将相对湿度、年均降水量、坡度、年均气温划分为对青蒿酸含量影响不大的一类。

结合因子探测的结果，可以看出，土壤类型和年均辐射量对青蒿酸含量的影响相对较大，其余因子的影响相对较小。

结合风险因子探测结果可知，对青蒿酸含量空间分布影响较大的土壤类型的适宜类型为初育土，年均辐射量的适宜类型为 1200 ～ 1400KWh/m^2。

（四）交互探测

交互探测，主要用于分析生态环境因子对青蒿酸含量空间分布的影响是否存在交互作用。若存在交互作用，作用是增强还是减弱，可利用地理探测器的交互探测进行分析，结果用 PD 值表示。生态环境因子交互作用对青蒿酸含量影响的 PD 值如表 5-13 所示。

由表 5-13 可以看出：相对湿度与年均气温、相对湿度与年均降水量、年均辐射量与年均气温、年均辐射量与年均降水量、土壤类型与年均降水量、土壤类型与植被类型之间，为非线性增强；而其余因子之间为相互增强。总体来说，任意两个环境因子之间的交互作用都明显大于各单个因子对青蒿酸含量空间分布的影响。

表 5-13　2 种环境因子交互作用对青蒿酸含量影响的 PD 值

环境因子	海拔	相对湿度	日照	年均气温	年均降水量	年均辐射量	坡度	植被类型
相对湿度	0.194							
日照	0.289	0.194						
年均气温	0.305	0.207	0.318					
年均降水量	0.249	0.175	0.235	0.213				
年均辐射量	0.292	0.217	0.242	0.410	0.362			
坡度	0.200	0.134	0.223	0.219	0.199	0.241		
植被类型	0.287	0.235	0.293	0.290	0.289	0.345	0.342	
土壤类型	0.337	0.268	0.352	0.369	0.360	0.346	0.284	0.359

综上，我国各地青蒿中青蒿酸含量差异较大，通过对各地青蒿酸含量空间分布的影响机理分析，结果表明：

在所有环境因子中，土壤类型、年均辐射量对青蒿酸含量空间分布的解释力较强，是青蒿酸含量空间分布的主要影响因素。

不同影响因子的各个类型分区的平均青蒿酸含量存在统计差异。

生态探测器结果显示土壤类型和年均辐射量为对青蒿酸含量的影响显著的一类。结合因子探测和风险探测的结果表明，土壤类型和年均辐射量对青蒿酸含量的影响相对较大，其余因子的影响相对较小。对青蒿酸含量空间分布影响较大的土壤类型的适宜类型为初育土，年均辐射量的适宜类型为 $1200 \sim 1400\text{kWh/m}^2$。

相对单个因子来说，任意两个环境因子的交互作用都能够增强对青蒿酸含量空间分布的影响。

三、青蒿酸与植被类型之间的关系分析

基于青蒿采样点的位置，对各区域间青蒿酸含量与植被类型之间的关系进行分析，明确不同区域的青蒿，仅受植被类型的影响，青蒿中青蒿酸含量的变化规律。

（一）描述分析

采用 R 语言，去掉 1 个离群值。利用 R 语言的"小提琴图"和"缺口箱线、散点图、地毯图"绘图功能，对青蒿酸含量与植被类型之间的关系进行分析，结果如图 5-91、图 5-92 所示。

由图 5-91、图 5-92 可以看出，生长在草甸、荒漠、阔叶林内的青蒿，青蒿中青蒿酸含量低的占比较大，青蒿中青蒿酸含量较低；生长在其他和栽培植被内的青蒿，青蒿中青蒿酸含量较高。生长在其他植被内的青蒿，青蒿中青蒿酸含量差异较大。

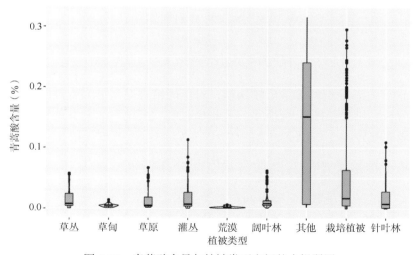

图 5-91 青蒿酸含量与植被类型之间的小提琴图

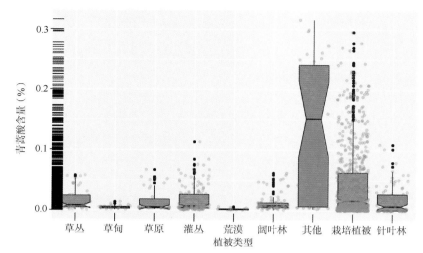

图 5-92　青蒿酸含量与植被类型之间的箱线散点地毯图

（二）各植被类型内青蒿酸的差异性分析

利用 R 语言的方差分析功能，对不同植被类型之间，青蒿酸含量的差异性进行分析，结果显示：不同植被类型间青蒿酸含量有显著性差异（$P = 2e\text{-}16$），各植被类型内青蒿采样点样本数和青蒿酸含量均值，具体如图 5-93 所示。

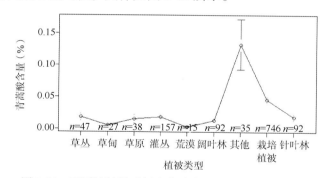

图 5-93　不同植被类型间青蒿酸含量的均值和置信区间

利用 R 语言方差分析的多重比较功能，对不同植被类型之间青蒿酸含量均值的差异性进行对比分析，结果如图 5-94 所示。栽培植被和"其他"，与其他植被类型之间青蒿酸含量具有显著差异。

（三）基于植被类型的青蒿酸含量空间分布特征

利用 R 语言的统计函数，计算不同植被类型内青蒿酸含量的最小值、最大值、均值、中位数、1/4 分位数、3/4 分位数等基本统计量，结果如表 5-14 所示。

根据不同植被类型条件下，青蒿酸含量的 1/4 分位数为下限、青蒿酸含量的 3/4 分位数为上限（具体见表 5-14）；利用 ArcGIS、基于中国的植被类型和行政区划边界，绘制青蒿酸含量的空间分布图，结果如图 5-95 所示。

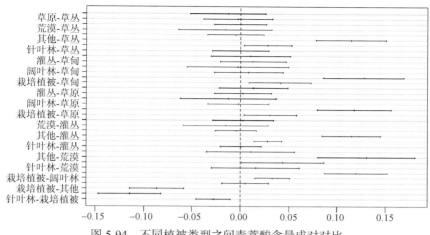

图 5-94　不同植被类型之间青蒿酸含量成对对比

表 5-14　不同植被类型内青蒿酸含量统计量

植被类型	个数	标准差	最小值	均值	最大值	1/4 分位数	中位数	3/4 分位数
草丛	47	0.0179	0.0003	0.0181	0.0573	0.0045	0.0078	0.0241
草甸	27	0.0029	0.0010	0.0050	0.0140	0.0031	0.0049	0.0056
草原	38	0.0195	0.0019	0.0153	0.0667	0.0034	0.0051	0.0185
灌丛	157	0.0214	0.0002	0.0178	0.1133	0.0040	0.0073	0.0274
荒漠	15	0.0016	0.0006	0.0024	0.0062	0.0013	0.0020	0.0028
阔叶林	92	0.0134	0.0008	0.0131	0.0620	0.0055	0.0084	0.0130
其他	35	0.1150	0.0028	0.1327	0.3162	0.0071	0.1516	0.2412
栽培植被	746	0.0612	0.0001	0.0461	0.3566	0.0052	0.0177	0.0644
针叶林	92	0.0236	0.0001	0.0181	0.1092	0.0012	0.0078	0.0278

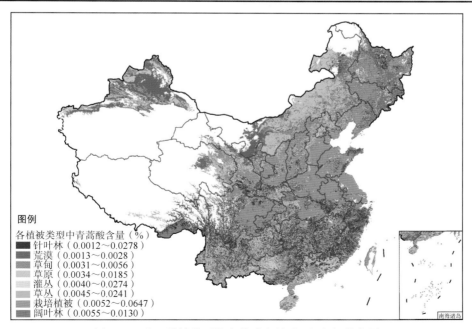

图例

各植被类型中青蒿酸含量（%）
- 针叶林（0.0012～0.0278）
- 荒漠（0.0013～0.0028）
- 草甸（0.0031～0.0056）
- 草原（0.0034～0.0185）
- 灌丛（0.0040～0.0274）
- 草丛（0.0045～0.0241）
- 栽培植被（0.0052～0.0647）
- 阔叶林（0.0055～0.0130）

图 5-95　基于植被类型的青蒿酸含量（%）空间分布图

由图 5-95 可以看出：仅考虑植被类型的影响，红色区域内的青蒿酸含量相对较高，中国东部、中部和南部地区红色区域的面积较大。

四、青蒿酸与土壤类型之间的关系分析

基于青蒿采样点位置，对各区域间青蒿酸与土壤类型之间的关系进行分析，明确不同区域的青蒿，仅受土壤类型的影响，青蒿中青蒿酸含量的变化规律。

（一）描述分析

利用 R 语言的"小提琴图"和"缺口箱线、散点图、地毯图"绘图功能，对青蒿酸与土壤类型之间的关系进行分析，结果如图 5-96、图 5-97 所示。

由图 5-96、图 5-97 可以看出，生长在潜育土、火山灰土上的青蒿，青蒿中青蒿酸含量较高；生长在砂性土、黑钙土、灰色土、石膏土、薄层土、黏磐土、盐土上的青蒿，青蒿中青蒿酸含量较低；生长在潜育土、冲积土上的青蒿，青蒿中青蒿酸含量差异较大。

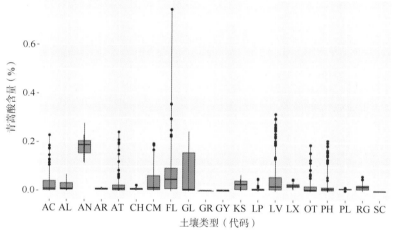

图 5-96　青蒿酸与土壤类型之间的小提琴图

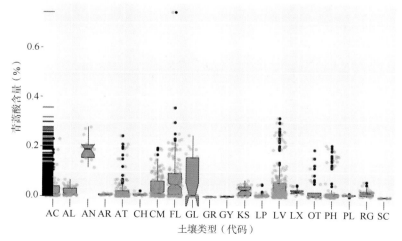

图 5-97　青蒿酸与土壤类型之间的箱线散点地毯图

（二）各土壤类型内青蒿酸的差异性分析

利用 R 语言的方差分析功能，对不同土壤类型之间，青蒿酸含量的差异性进行分析，结果显示：不同土壤类型间青蒿酸含量有显著性差异（$P = 2e\text{-}16$），各土壤类型内青蒿采样点样本数和青蒿酸含量均值，结果如图 5-98 所示。

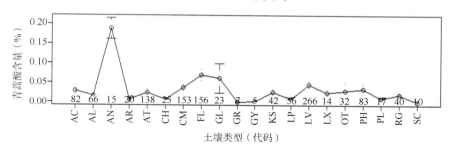

图 5-98　不同土壤类型间青蒿酸含量的均值和置信区间

利用 R 语言方差分析的多重比较功能，对不同土壤类型之间青蒿酸含量均值的差异性进行对比分析，结果如图 5-99 所示。

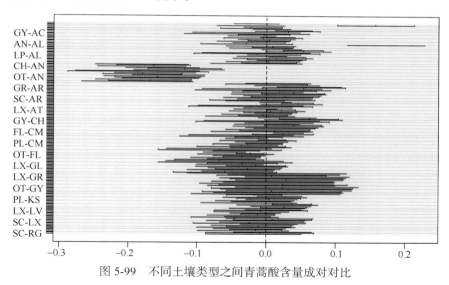

图 5-99　不同土壤类型之间青蒿酸含量成对对比

（三）基于土壤类型的青蒿酸含量空间分布特征

利用 R 语言的统计函数，计算不同土壤类型内青蒿酸含量的最小值、最大值、均值、中位数、1/4 分位数、3/4 分位数等基本统计量，结果如表 5-15 所示。

表 5-15　不同土壤类型内青蒿酸含量统计量

代码 / 土壤类型	个数	标准差	最小值	均值	最大值	1/4 分位数	中位数	3/4 分位数
AC 低活性强酸土	82	0.049	0.000	0.030	0.229	0.001	0.007	0.039
AL 高活性强酸土	66	0.017	0.000	0.016	0.066	0.004	0.007	0.032
AN 火山灰土	15	0.047	0.115	0.188	0.278	0.153	0.186	0.204

续表

代码 / 土壤类型	个数	标准差	最小值	均值	最大值	1/4 分位数	中位数	3/4 分位数
AR 砂性土	20	0.003	0.004	0.007	0.014	0.005	0.008	0.010
AT 人为土	138	0.046	0.000	0.025	0.241	0.002	0.006	0.022
CH 黑钙土	25	0.004	0.003	0.008	0.022	0.005	0.007	0.009
CM 雏形土	153	0.045	0.000	0.037	0.193	0.005	0.012	0.063
FL 冲积土	156	0.089	0.000	0.069	0.743	0.008	0.045	0.092
GL 潜育土	23	0.087	0.001	0.061	0.244	0.003	0.005	0.156
GR 灰色土	7	0.000	0.001	0.001	0.001	0.001	0.001	0.001
GY 石膏土	5	0.001	0.001	0.002	0.004	0.001	0.002	0.002
KS 栗钙土	42	0.019	0.002	0.026	0.067	0.006	0.027	0.042
LP 薄层土	56	0.009	0.002	0.009	0.051	0.005	0.006	0.009
LV 高活性淋溶土	266	0.065	0.000	0.046	0.316	0.007	0.019	0.057
LX 低活性淋溶土	14	0.013	0.006	0.025	0.048	0.018	0.021	0.029
OT 其他	32	0.051	0.001	0.030	0.190	0.003	0.006	0.020
PH 黑土	83	0.058	0.001	0.034	0.207	0.004	0.008	0.016
PL 黏磐土	17	0.003	0.002	0.010	0.015	0.009	0.010	0.011
RG 疏松岩性土	40	0.013	0.001	0.019	0.061	0.019	0.019	0.025
SC 盐土	10	0.001	0.000	0.001	0.002	0.001	0.001	0.001

根据不同土壤类型条件下，青蒿酸含量的 1/4 分位数为下限、青蒿酸含量的 3/4 分位数为上限（具体见表 5-15）；利用 ArcGIS、基于中国的土壤类型和行政区划边界，绘制青蒿酸含量的空间分布图，结果如图 5-100 所示。

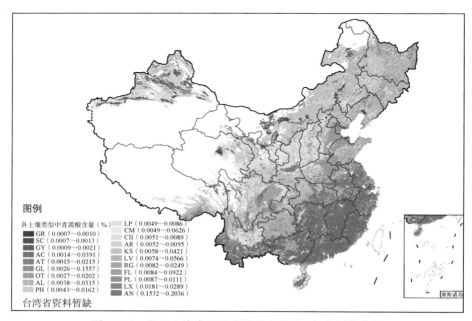

图 5-100　基于土壤类型的青蒿酸含量（%）空间分布图

由图 5-100 可以看出：仅考虑土壤类型的影响，红色区域内的青蒿酸含量相对较高，中国华北地区和中部红色区域的面积相对较大。

五、青蒿酸与气候因素之间的关系分析

基于青蒿采样点位置，对各区域间青蒿酸含量与气候因素之间的关系进行分析，明确不同区域的青蒿仅受气候因素的影响，青蒿中青蒿酸含量的变化规律。

（一）描述分析

利用 R 语言的"小提琴图"和"缺口箱线、散点图、地毯图"绘图功能，对不同气候带内采样地之间青蒿中青蒿酸含量均值的关系进行分析，结果如图 5-101、图 5-102 所示。

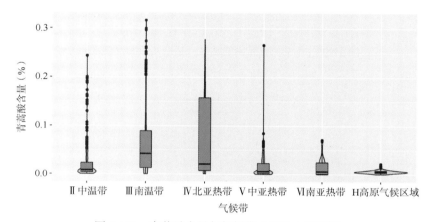

图 5-101　青蒿酸含量与气候带之间的小提琴图

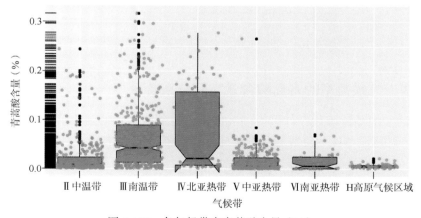

图 5-102　各气候带内青蒿酸含量（%）

由图 5-101、图 5-102 可以看出中温带、南温带、北亚热带，青蒿中的青蒿酸含量依次升高。北亚热带地区，青蒿中的青蒿酸含量最高。

（二）各气候类型内青蒿酸的差异性分析

利用 R 语言的方差分析功能，对不同气候带之间，青蒿酸含量的差异性进行分析，结果显示：不同气候带之间的青蒿酸含量有显著性差异（$P = 2e\text{-}16$），各气候带内青蒿采样点样本数和青蒿酸含量均值，结果如图 5-103 所示。

利用 R 语言方差分析的多重比较功能，对不同气候带之间青蒿酸含量均值的差异性进行对比分析，结果如图 5-104 所示。由图 5-104 可以看出，大部分不同气候带两两之间青蒿酸含量具有显著性差异。

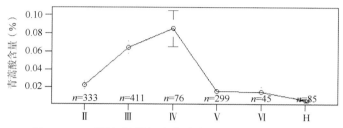

图 5-103　不同气候带间青蒿酸含量的均值和置信区间

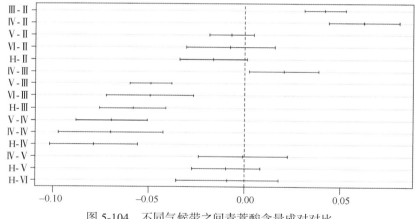

图 5-104　不同气候带之间青蒿酸含量成对对比

（三）基于气候类型的青蒿酸含量空间分布特征

利用 R 语言的统计函数，计算不同气候带内青蒿酸含量的最小值、最大值、均值、中位数、1/4 分位数、3/4 分位数等基本统计量，结果如表 5-16 所示。

表 5-16　不同气候带内青蒿酸含量统计量

代码 / 气候带	个数	标准差	最小值	均值	最大值	1/4 分位数	中位数	3/4 分位数
Ⅱ 中温带	333	0.0377	0.0001	0.0224	0.2439	0.0036	0.0081	0.0230
Ⅲ 南温带	411	0.0699	0.0001	0.0644	0.3566	0.0131	0.0432	0.0922
Ⅳ 北亚热带	76	0.0869	0.0006	0.0849	0.2778	0.0077	0.0270	0.1652
Ⅴ 中亚热带	299	0.0234	0.0001	0.0156	0.2659	0.0021	0.0059	0.0229
Ⅵ 南亚热带	45	0.0183	0.0001	0.0150	0.0709	0.0008	0.0060	0.0248
H 高原气候区域	85	0.0039	0.0004	0.0062	0.0218	0.0036	0.0053	0.0077

根据不同气候类型条件下，青蒿酸含量的 1/4 分位数为下限、青蒿酸含量的 3/4 分位数为上限（具体见表 5-16）；利用 ArcGIS、基于中国的气候带和行政区划边界，绘制青蒿酸含量的空间分布图，结果如图 5-105 所示。

由图 5-105 可以看出：仅考虑气候带的因素，橘黄色和红色区域内的青蒿酸含量相对较高，中国华北和长江下游部分地区橘黄色和红色区域的面积较大。

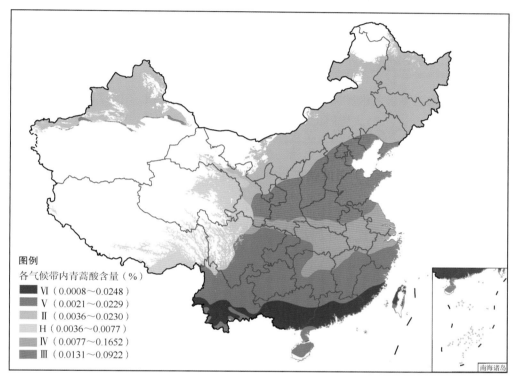

图 5-105　各气候带的青蒿酸含量空间分布图

六、青蒿酸与地形之间的关系分析

对青蒿酸与地形之间的关系进行分析，明确不同地形条件下青蒿仅受地形影响，青蒿中青蒿酸含量的变化规律。

（一）描述性分析

1. 海拔总体情况

为明确不同海拔梯度之间青蒿酸含量的差异性，以海拔梯度为依据，同时去掉离群值，对各采样地进行分组。利用 R 语言的"小提琴图"和"缺口箱线、散点图、地毯图"绘图功能，对青蒿酸含量与海拔之间的关系进行分析，结果如图 5-106、图 5-107 所示。

由图 5-106、图 5-107 可以看出：第 1、3、4 档内的青蒿酸含量相对较高，并且青蒿酸含量的差异性较大。第 5、6、7 档内的青蒿酸含量相对较低，青蒿酸含量的组内差异性较小。第 1 档内的青蒿酸含量离散度较高。

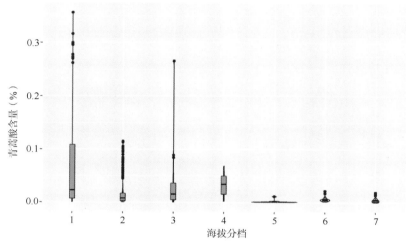

图 5-106　青蒿酸与海拔梯度之间的小提琴图

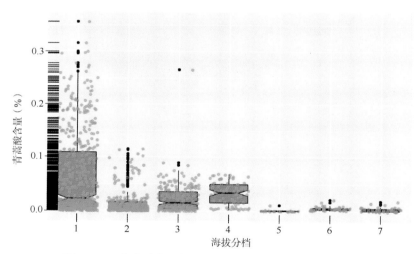

图 5-107　青蒿酸含量与海拔梯度之间的箱线散点地毯图

2. 坡度总体情况

为明确青蒿酸含量与坡度之间关系，以坡度（P）为依据对各采样地进行分组。利用 R 语言的"小提琴图"和"缺口箱线、散点图、地毯图"绘图功能，对青蒿酸与土壤类型之间的关系进行分析，结果如图 5-108、图 5-109 所示。

由图 5-108、图 5-109 可以看出：坡度在 0°～10° 之间，区域内青蒿中青蒿酸含量相对较高；青蒿酸含量的组内差异性较大。坡度在 20°～30° 之间，区域内青蒿中青蒿酸含量相对较低、组内差异性较小。

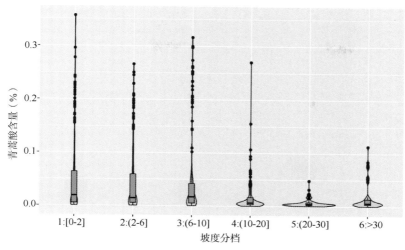

图 5-108　青蒿酸含量与坡度范围之间的小提琴图

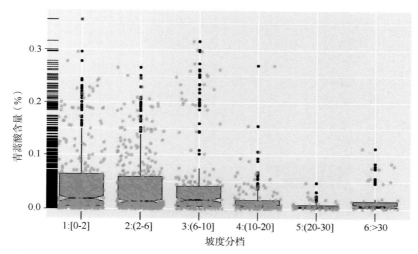

图 5-109　青蒿酸含量与坡度范围之间的箱线散点地毯图

3. 坡向总体情况

利用 R 语言的"小提琴图"和"缺口箱线、散点图、地毯图"绘图功能,对不同坡向(0:平地,1:阳坡,2:阴坡)之间青蒿酸含量的均值进行对比分析,结果如图 5-110 所示。

由图 5-110、图 5-111 可以看出:平地范围内青蒿中青蒿酸含量相对较高、组内差异性较大。阳坡和阴坡范围内青蒿中青蒿酸含量相对较低、组内差异性较小。

(二)不同地形条件下青蒿酸含量的差异性分析

1. 不同海拔之间青蒿酸含量的差异性

利用 R 语言的方差分析功能,对不同海拔范围内青蒿酸的差异性进行对比分析,结果显示:不同海拔梯度范围之间青蒿酸含量有显著性差异($P = 2e-16$),具体如图 5-112 所示。

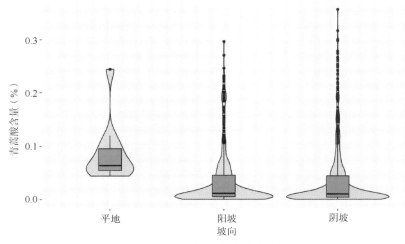

图 5-110   青蒿酸含量与坡向范围之间的小提琴图

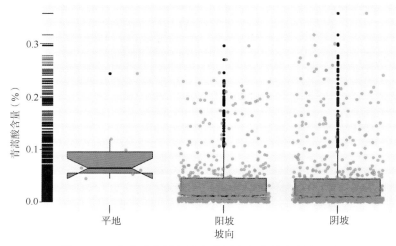

图 5-111   青蒿酸含量与坡向范围之间的箱线散点地毯图

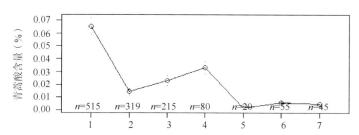

图 5-112   不同海拔范围之间青蒿酸含量的均值和置信区间

　　利用 R 语言方差分析的多重比较功能，对不同海拔范围之间青蒿酸含量均值的差异性进行对比分析,结果显示:第 1 档和其他各档之间差异显著,其他各档之间差异均不显著,具体如图 5-113 所示。

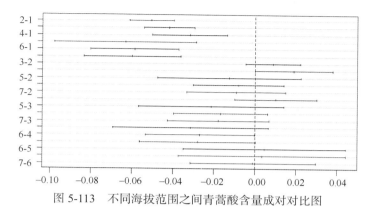

图 5-113 不同海拔范围之间青蒿酸含量成对对比图

2. 不同坡度之间青蒿酸含量的差异性

利用 R 语言的方差分析功能，对不同坡度范围内青蒿酸含量的差异性进行对比分析，结果显示：不同坡度梯度范围之间青蒿酸含量有显著性差异（P=4.95e-12），结果如图 5-114 所示。

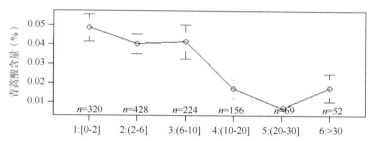

图 5-114 不同坡度范围之间青蒿酸含量的均值和置信区间

利用 R 语言方差分析的多重比较功能，对不同坡度范围之间青蒿酸含量均值的差异性进行对比分析，结果显示：第 1 和 4、5、6 档，第 2 和 4、5 档，第 3 和 4、5 档之间的差异性最显著，具体如图 5-115 所示。

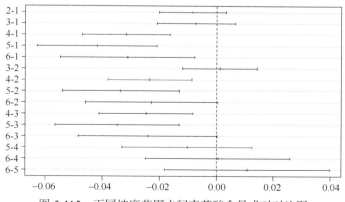

图 5-115 不同坡度范围之间青蒿酸含量成对对比图

3. 不同坡向之间青蒿酸含量的差异性

利用 R 语言的方差分析功能，对不同坡向范围内青蒿酸的含量差异性进行对比分析，结果显示：不同坡向之间青蒿酸含量有显著性差异（$P=0.00718$），具体如图 5-116 所示。

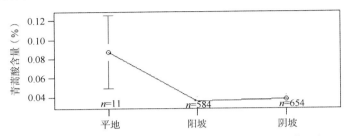

图 5-116　不同坡向范围之间青蒿酸含量的均值和置信区间

（三）青蒿酸含量与地形之间的关系分析

利用 R 语言的马赛克绘图功能，以青蒿酸含量（Qc，%）为依据，分为 4 个档次，其中：第 1 档：$Qc \leqslant 0.025\%$；第 2 档：$0.025\% < Qc \leqslant 0.05\%$；第 3 档：$0.05\% < Qc \leqslant 0.075\%$；第 4 档：$Qc > 0.075\%$。对青蒿酸含量与坡向、坡度和海拔之间的关系进行分析，结果如图 5-117、图 5-118 所示。

由图 5-117 可以看出，分布在平地区域的青蒿样本量较少；海拔梯度为 1、2 档、坡向为阳坡或阴坡的区域，采样点的样本量较多，且青蒿酸含量第 1 档的样本量超过 50%。在模型独立的条件下，阳坡或阴坡区域内，海拔梯度第 1 档，青蒿素含量第 1 档的样本数量低于模型预期值，但青蒿素含量第 4 档的样本数量超出模型预期值。

由图 5-118 可以看出，青蒿酸含量第 1 档的样本量超过 50%；分布在坡度第 1、2 档区域内的青蒿样本量占比较大；在模型独立的条件下，坡度在第 2 档，海拔第 2 档，青蒿素含量第 1 档的样本数量超出模型预期值。

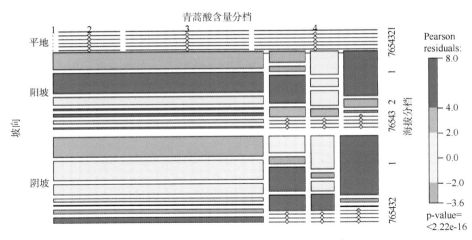

图 5-117　青蒿酸含量与坡向和海拔之间的马赛克图

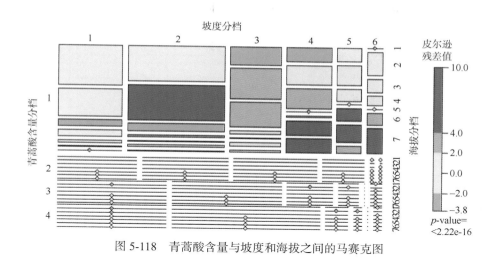

图 5-118 青蒿酸含量与坡度和海拔之间的马赛克图

（四）基于海拔梯度的青蒿酸含量空间分布特征

利用 R 语言的统计函数，计算不同海拔分档内青蒿酸含量的最小值、最大值、均值、中位数、1/4 分位数、3/4 分位数等基本统计量，结果如表 5-17 所示。

表 5-17 不同海拔分档内青蒿酸含量统计量

海拔分档	个数	标准差	最小值	均值	最大值	1/4 分位数	中位数	3/4 分位数
第 1 档	515	0.0758	0.0001	0.0650	0.3566	0.0067	0.0227	0.1085
第 2 档	319	0.0210	0.0001	0.0143	0.1150	0.0025	0.0073	0.0166
第 3 档	215	0.0264	0.0001	0.0231	0.2659	0.0046	0.0150	0.0357
第 4 档	80	0.0208	0.0021	0.0331	0.0689	0.0155	0.0341	0.0497
第 5 档	20	0.0024	0.0005	0.0017	0.0115	0.0007	0.0011	0.0014
第 6 档	55	0.0036	0.0019	0.0062	0.0218	0.0040	0.0053	0.0071
第 7 档	45	0.0040	0.0004	0.0051	0.0192	0.0020	0.0046	0.0063

根据不同海拔梯度条件下，青蒿酸含量的 1/4 分位数为下限、青蒿酸含量的 3/4 分位数为上限（具体见表 5-17）；利用 ArcGIS、基于中国的海拔梯度和行政区划边界，绘制青蒿酸含量的空间分布图，结果如图 5-119 所示。

由图 5-119 可以看出，仅考虑海拔梯度的影响，橘黄色和红色区域内的青蒿酸含量相对较高，中国东部地区橘黄色和红色区域的面积较大。

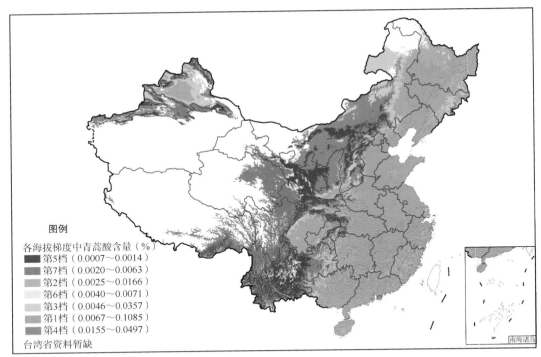

图 5-119   基于海拔梯度的青蒿酸含量空间分布图

第五节   东莨菪内酯空间分布规律

为明确各省（区、市）青蒿药材中东莨菪内酯含量高低，基于文献和实地调查结果，运用探索性空间数据分析、趋势面分析等空间统计分析技术，对我国各省（区、市）青蒿中东莨菪内酯含量进行研究，分析其空间差异特性、分布规律。在此基础上，基于青蒿中东莨菪内酯含量对我国不同地区所产青蒿的质量进行评价研究。

一、东莨菪内酯含量的空间分布特征

（一）东莨菪内酯含量的空间自相关性分析

根据我国各省（区、市）青蒿中东莨菪内酯含量的平均值，应用 ArcGIS 制图功能，生成 19 个省（区、市）东莨菪内酯含量的柱状图，结果如图 5-120 所示。由图 5-120 可以看出各地青蒿中东莨菪内酯含量存在一定的差异性，华北和东南各省的含量相对较高。

选取各省（区、市）东莨菪内酯含量，计算全局空间自相关指数 I，并计算其检验的标准化统计量 Z，结果如图 5-121 所示。其中：$I=0.03$ 指数，标准化统计量 $Z=0.875$，$P=0.38$；在正态分布假设条件下，I 指数检验结果不显著。结果表明：各省（区、市）东莨菪内酯含量平均值存在着弱的、正的空间自相关；各省（区、市）东莨菪内酯含量高低平均值，具有较弱的空间聚集特征。

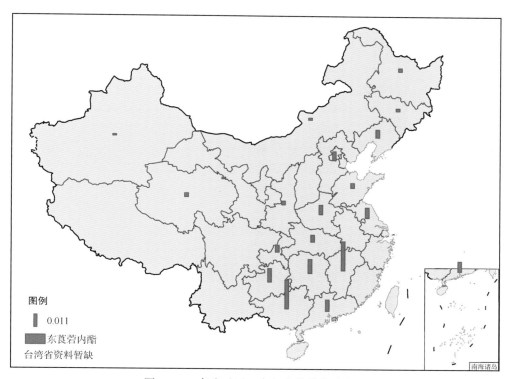

图 5-120　各省（区、市）东莨菪内酯含量

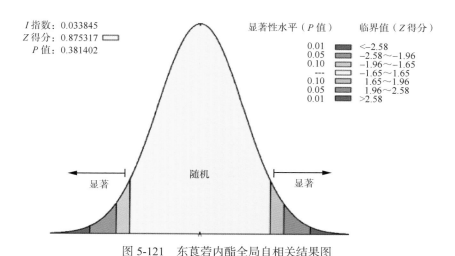

图 5-121　东莨菪内酯全局自相关结果图

　　应用 ArcGIS 软件绘制各省（区、市）东莨菪内酯含量的趋势图，结果如图 5-122 所示，从整体研究区域来看，各省（区、市）东莨菪内酯含量高低平均值由南向北有逐渐减少的变化趋势，由西向东有先增加后减少的变化趋势。总体上东南部地区青蒿中的东莨菪内酯含量较高，西北部地区青蒿中的东莨菪内酯含量较低。

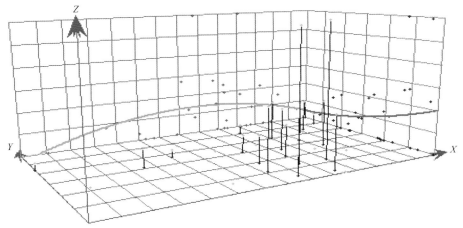

图 5-122   各省东莨菪内酯含量分布趋势图

（二）东莨菪内酯含量的空间差异性分析

1. 空间自相关分析结果

应用 ArcGIS 局部空间自相关模型，进一步分析各省（区、市）东莨菪内酯含量平均值的空间相关性。通过计算 LISA 指数、显著水平检验，其中显著性水平大于 95% 的地区，结果如图 5-123 所示。由图 5-123 可以看出，总体上东莨菪内酯含量高的省份占少数。

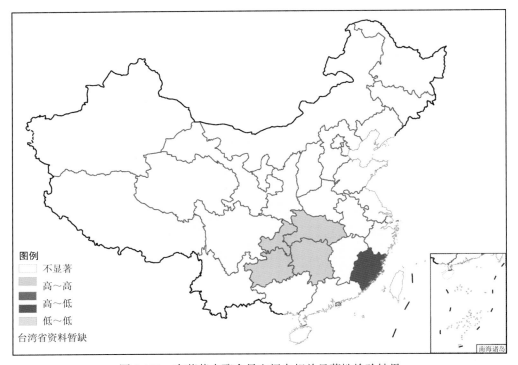

图 5-123   东莨菪内酯含量空间自相关显著性检验结果

2. G 指数分析结果

根据各省（区、市）东莨菪内酯含量平均值，应用 ArcGIS 软件计算 G 统计量，计算其检验的标准化统计量 Z。用自然断裂法（Jenks）进一步对数据进行可视化处理，将数值由低到高划分为 3 类，分别为：冷点地区、温点地区、热点地区，结果如图 5-124 所示。

由图 5-124 可以看出：1）总体上热点省份占比较少；这些省的 Z 值在 0.05 的显著性水平下显著，东莨菪内酯含量平均值高的区域在空间上相连成片分布，其东莨菪内酯含量趋于高值空间聚集；总体上分布在贵州、广西、广东、湖南和江西等地。2）没有冷点省份。3）温点省份个数最多，东莨菪内酯含量属于高值和低值过渡区域。

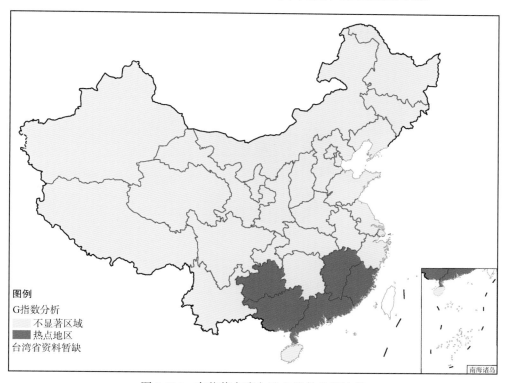

图 5-124　东莨菪内酯含量 G 指数分析结果

3. 东莨菪内酯含量的空间分布估计

运用 R 语言绘制 Moran 散点图，进一步分析各省（区、市）东莨菪内酯的局部空间相关性，结果如图 5-125 所示。

由图 5-125 可以看出：广东、广西和江西等省份，属于东莨菪内酯含量的高值聚集区。通过图 5-125 的第一和第三象限点的密度，可以看出东莨菪内酯含量的低值聚集区（第三象限点的密度大），对东莨

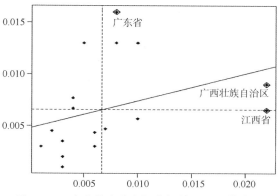

图 5-125　东莨菪内酯空间自相关 Moran 散点图

茖内酯的空间自相关方面的贡献较大。

应用 ArcGIS 空间分析模块中 Kriging 插值方法，进行东莨菪内酯含量分布情况的空间估计；同时基于青蒿潜在分布概率研究结果，对东莨菪内酯含量进行空间估计，结果如图 5-126 所示。由图 5-126 可以看出，东南地区青蒿中的东莨菪内酯含量较高，其他区域东莨菪内酯含量较低。

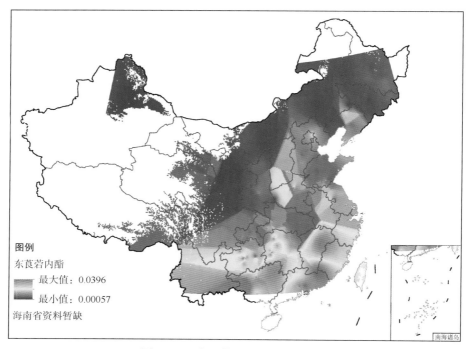

图 5-126   东莨菪内酯含量空间分布

（三）东莨菪内酯含量与生态因子之间的相关性分析

用 R 语言的"相关图"绘图功能，对东莨菪内酯含量与海拔、辐射量、降雨量、温度、湿度、日照时数、无霜期等生态因子之间的关系进行分析，结果如图 5-127 所示。由如图 5-127 可以看出：东莨菪内酯含量与降雨量、温度、湿度呈正相关关系；东莨菪内酯含量与海拔、日照时数、辐射量呈负相关关系。

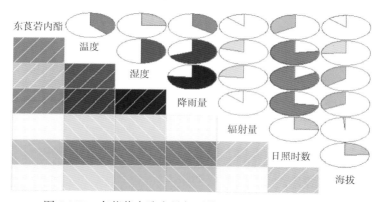

图 5-127   东莨菪内酯含量与环境因子之间的相关关系图

二、东莨菪内酯与植被类型之间的关系分析

基于青蒿采样点的位置，对各区域间东莨菪内酯含量与植被类型之间的关系进行分析，明确不同区域的青蒿，仅受植被类型的影响，青蒿中东莨菪内酯含量的变化规律。

（一）描述分析

利用 R 语言的"小提琴图"和"缺口箱线、散点图、地毯图"绘图功能，对东莨菪内酯含量与植被类型之间的关系进行分析，结果如图 5-128、图 5-129 所示。

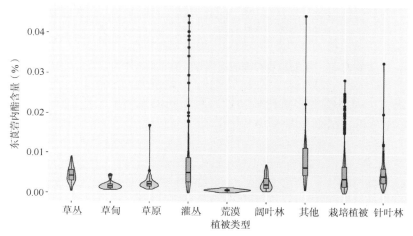

图 5-128　东莨菪内酯含量与植被类型之间的小提琴图

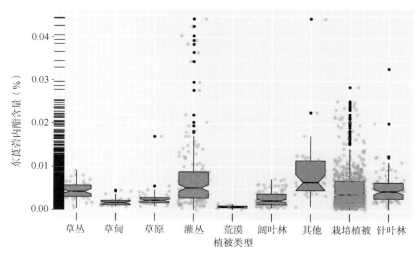

图 5-129　东莨菪内酯含量与植被类型之间的箱线散点地毯图

由图 5-128、图 5-129 可以看出，生长在草甸、荒漠内的青蒿，青蒿中东莨菪内酯含量较低；生长在灌丛、其他、针叶林和栽培植被内的青蒿，青蒿中东莨菪内酯含量较高。生长在灌丛、其他、针叶林内的青蒿，青蒿中东莨菪内酯组内含量差异较大。

（二）各植被类型内东莨菪内酯的差异性分析

利用 R 语言的方差分析功能，对不同植被类型之间，东莨菪内酯含量的差异性进行分析，结果显示：不同植被类型间东莨菪内酯含量有显著性差异（$P = 4.4e\text{-}12$），各植被类型内青蒿采样点样本数和东莨菪内酯含量均值，具体如图 5-130 所示。

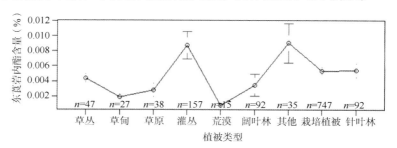

图 5-130　不同植被类型间东莨菪内酯含量的均值和置信区间

利用 R 语言方差分析的多重比较功能，对不同植被类型之间东莨菪内酯含量均值的差异性进行对比分析，结果如图 5-131 所示。

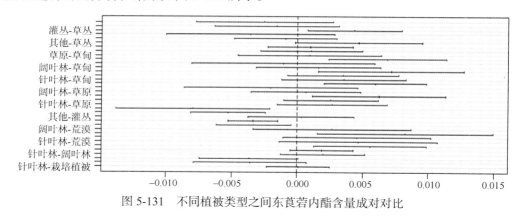

图 5-131　不同植被类型之间东莨菪内酯含量成对对比

（三）基于植被类型的东莨菪内酯含量空间分布特征

利用 R 语言的统计函数，计算不同植被类型内东莨菪内酯含量的最小值、最大值、均值、中位数、1/4 分位数、3/4 分位数等基本统计量，结果如表 5-18 所示。

表 5-18　不同植被类型内东莨菪内酯含量统计量

植被类型	个数	标准差	最小值	均值	最大值	1/4 分位数	中位数	3/4 分位数
草丛	47	0.0019	0.0004	0.0044	0.0091	0.0031	0.0043	0.0057
草甸	27	0.0010	0.0008	0.0019	0.0046	0.0012	0.0017	0.0022
草原	38	0.0026	0.0009	0.0028	0.0170	0.0017	0.0023	0.0029
灌丛	157	0.0114	0.0001	0.0088	0.0883	0.0030	0.0053	0.0089
荒漠	15	0.0004	0.0002	0.0008	0.0015	0.0007	0.0008	0.0011

续表

植被类型	个数	标准差	最小值	均值	最大值	1/4 分位数	中位数	3/4 分位数
阔叶林	92	0.0071	0.0006	0.0035	0.0687	0.0014	0.0023	0.0040
其他	35	0.0076	0.0009	0.0091	0.0445	0.0047	0.0066	0.0116
栽培植被	747	0.0065	0.0002	0.0054	0.0973	0.0020	0.0038	0.0070
针叶林	92	0.0043	0.0005	0.0055	0.0329	0.0029	0.0045	0.0065

　　根据不同植被类型条件下，东莨菪内酯含量的 1/4 分位数为下限、东莨菪内酯含量的 3/4 分位数为上限（具体见表 5-18）；利用 ArcGIS、基于中国的植被类型和行政区划边界，绘制东莨菪内酯含量的空间分布图，结果如图 5-132 所示。

　　由图 5-132 可以看出：仅考虑植被类型的影响，橘黄色、红色区域内的东莨菪内酯含量相对较高，中国南部地区橘黄色、红色区域的面积较大。

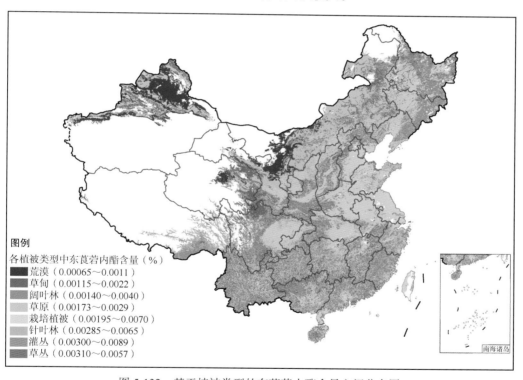

图 5-132　基于植被类型的东莨菪内酯含量空间分布图

三、东莨菪内酯与土壤类型之间的关系分析

　　基于青蒿采样点位置，对各区域间东莨菪内酯与土壤类型之间的关系进行分析，明确不同区域的青蒿，仅受土壤类型的影响，青蒿中东莨菪内酯含量的变化规律。

（一）描述分析

　　利用 R 语言的"小提琴图"和"缺口箱线、散点图、地毯图"绘图功能，对东莨菪内酯与土壤类型之间的关系进行分析，结果如图 5-133、图 5-134 所示。

由图 5-133、图 5-134 可以看出，生长在低活性淋溶土、火山灰土、低活性强酸土等土壤类型上的青蒿，青蒿中东莨菪内酯含量较高；生长在灰色土、石膏土、盐土等土壤类型上的青蒿，青蒿中东莨菪内酯含量较低；生长在低活性强酸土、潜育土上的青蒿，青蒿中东莨菪内酯含量差异较大。

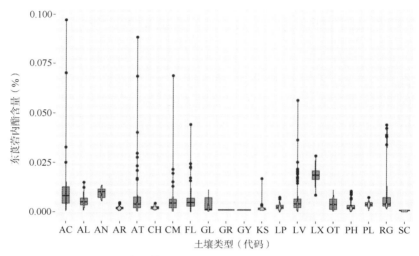

图 5-133   东莨菪内酯含量与土壤类型之间的小提琴图

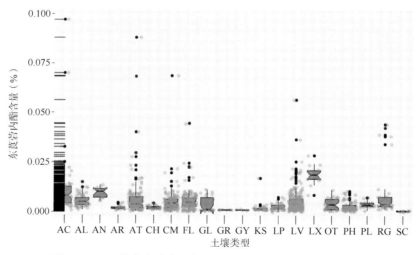

图 5-134   东莨菪内酯含量与土壤类型之间的箱线散点地毯图

（二）各土壤类型内东莨菪内酯的差异性分析

利用 R 语言的方差分析功能，对不同土壤类型之间，东莨菪内酯含量的差异性进行分析，结果显示：不同土壤类型间东莨菪内酯含量有显著性差异（$P = 2e\text{-}16$），各土壤类型内青蒿采样点样本数和东莨菪内酯含量均值，具体如图 5-135 所示。

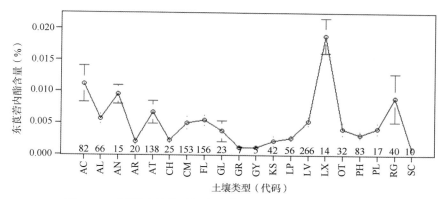

图 5-135　不同土壤类型间东莨菪内酯含量的均值和置信区间

利用 R 语言方差分析的多重比较功能，对不同土壤类型之间东莨菪内酯含量均值的差异性进行对比分析，结果如图 5-136 所示。

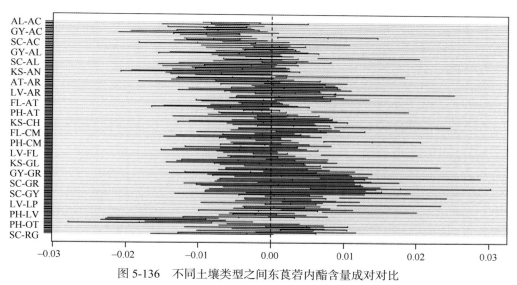

图 5-136　不同土壤类型之间东莨菪内酯含量成对对比

（三）基于土壤类型的东莨菪内酯含量空间分布特征

利用 R 语言的统计函数，计算不同土壤类型内东莨菪内酯含量的最小值、最大值、均值、中位数、1/4 分位数、3/4 分位数等基本统计量，结果如表 5-19 所示。

表 5-19　不同土壤类型内东莨菪内酯含量统计量

代码 / 土壤类型	个数	标准差	最小值	均值	最大值	1/4 分位数	中位数	3/4 分位数
AC 低活性强酸土	82	0.013	0.001	0.011	0.097	0.004	0.008	0.013
AL 高活性强酸土	66	0.003	0.001	0.006	0.015	0.004	0.005	0.007
AN 火山灰土	15	0.003	0.006	0.010	0.014	0.007	0.010	0.012
AR 砂性土	20	0.001	0.001	0.002	0.005	0.002	0.002	0.002
AT 人为土	138	0.011	0.000	0.007	0.088	0.002	0.004	0.008
CH 黑钙土	25	0.001	0.001	0.002	0.004	0.002	0.002	0.003

续表

代码/土壤类型	个数	标准差	最小值	均值	最大值	1/4分位数	中位数	3/4分位数
CM 雏形土	153	0.006	0.000	0.005	0.069	0.002	0.004	0.006
FL 冲积土	156	0.005	0.000	0.005	0.045	0.003	0.005	0.007
GL 潜育土	23	0.004	0.000	0.004	0.011	0.001	0.001	0.007
GR 灰色土	7	0.000	0.001	0.001	0.001	0.001	0.001	0.001
GY 石膏土	5	0.000	0.001	0.001	0.001	0.001	0.001	0.001
KS 栗钙土	42	0.002	0.001	0.002	0.017	0.001	0.002	0.002
LP 薄层土	56	0.001	0.000	0.003	0.008	0.002	0.002	0.004
LV 高活性淋溶土	266	0.005	0.000	0.005	0.056	0.003	0.004	0.006
LX 低活性淋溶土	14	0.005	0.009	0.019	0.029	0.017	0.019	0.021
OT 其他	32	0.003	0.001	0.004	0.011	0.002	0.004	0.007
PH 黑土	83	0.002	0.000	0.003	0.011	0.002	0.002	0.004
PL 黏磐土	17	0.002	0.001	0.004	0.008	0.003	0.004	0.005
RG 疏松岩性土	40	0.012	0.002	0.009	0.044	0.003	0.004	0.008
SC 盐土	10	0.000	0.000	0.001	0.001	0.001	0.001	0.001

　　根据不同土壤类型条件下，东莨菪内酯含量的1/4分位数为下限、东莨菪内酯含量的3/4分位数为上限（具体见表5-19）；利用 ArcGIS、基于中国的土壤类型和行政区划边界，绘制东莨菪内酯含量的空间分布图，结果如图5-137所示。

　　由图5-137可以看出：仅考虑土壤类型的影响，橘黄色、红色区域内的东莨菪内酯含量相对较高，中国东南部地区橘黄色、红色区域的面积较大。

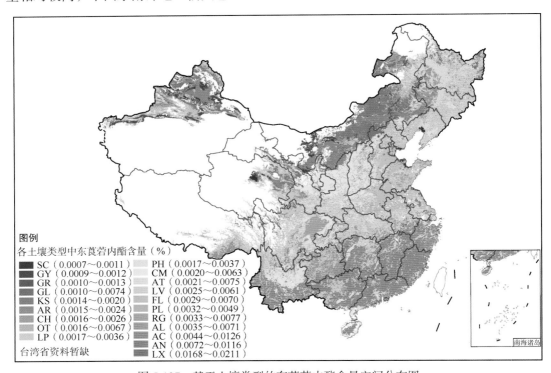

图 5-137　基于土壤类型的东莨菪内酯含量空间分布图

四、东莨菪内酯与气候因素之间的关系分析

基于青蒿采样点位置，对各区域间东莨菪内酯含量与气候因素之间的关系进行分析，明确不同区域的青蒿受气候因素的影响，青蒿中东莨菪内酯含量的变化规律。

（一）描述分析

利用 R 语言的"小提琴图"和"缺口箱线、散点图、地毯图"绘图功能，对各气候带内采样地之间，青蒿中东莨菪内酯含量均值的关系进行分析，结果如图 5-138、图 5-139 所示。

由图 5-138、图 5-139 可以看出：中温带、南温带、北亚热带、中亚热带、南亚热带，青蒿中的东莨菪内酯含量依次升高。南亚热带地区，青蒿中的东莨菪内酯含量最高、组内差异性也最大。

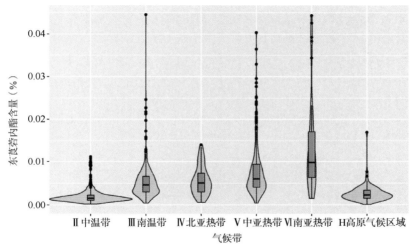

图 5-138　东莨菪内酯含量与气候带之间的小提琴图

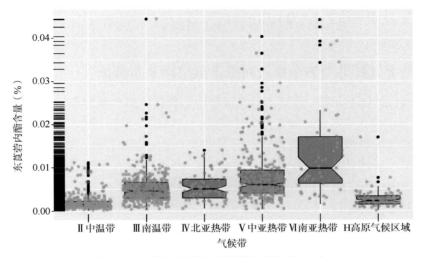

图 5-139　各气候带内东莨菪内酯含量（%）

（二）各气候类型内东莨菪内酯的差异性分析

利用 R 语言的方差分析功能，对不同气候带之间，东莨菪内酯含量的差异性进行分析，结果显示：不同气候带之间的东莨菪内酯含量有显著性差异（$P = 2e\text{-}16$），各气候带内青蒿采样点样本数和东莨菪内酯含量均值，具体如图 5-140 所示。

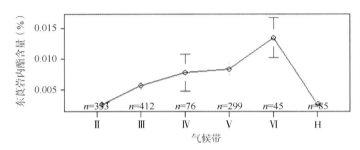

图 5-140　不同气候带间东莨菪内酯含量的均值和置信区间

利用 R 语言方差分析的多重比较功能，对不同气候带之间东莨菪内酯含量均值的差异性进行对比分析，结果如图 5-141 所示。由图 5-141 可以看出，南亚热带与其他区域内的含量差异性显著。

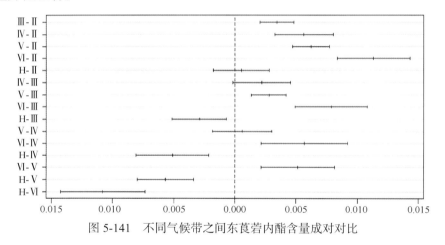

图 5-141　不同气候带之间东莨菪内酯含量成对对比

（三）基于气候类型的东莨菪内酯含量空间分布特征

利用 R 语言的统计函数，计算不同气候带内东莨菪内酯含量的最小值、最大值、均值、中位数、1/4 分位数、3/4 分位数等基本统计量，结果如表 5-20 所示。

根据不同气候条件下，东莨菪内酯含量的 1/4 分位数为下限、东莨菪内酯含量的 3/4 分位数为上限（具体见表 5-20）；利用 ArcGIS、基于中国的气候带和行政区划边界，绘制东莨菪内酯含量的空间分布图，结果如图 5-142 所示。

由图 5-142 可以看出：仅考虑气候的影响，橘黄色、红色区域内的东莨菪内酯含量相对较高，中国南部地区橘黄色、红色区域的面积较大。

表 5-20　不同气候带内东莨菪内酯含量统计量

代码 / 气候带	个数	标准差	最小值	均值	最大值	1/4 分位数	中位数	3/4 分位数
Ⅱ 中温带	333	0.002	0.000	0.002	0.011	0.001	0.002	0.002
Ⅲ 南温带	412	0.006	0.000	0.006	0.069	0.003	0.005	0.007
Ⅳ 北亚热带	76	0.013	0.001	0.008	0.097	0.003	0.005	0.008
Ⅴ 中亚热带	299	0.008	0.000	0.008	0.088	0.004	0.006	0.010
Ⅵ 南亚热带	45	0.011	0.002	0.013	0.044	0.006	0.010	0.017
H 高原气候区域	85	0.002	0.000	0.003	0.017	0.002	0.002	0.003

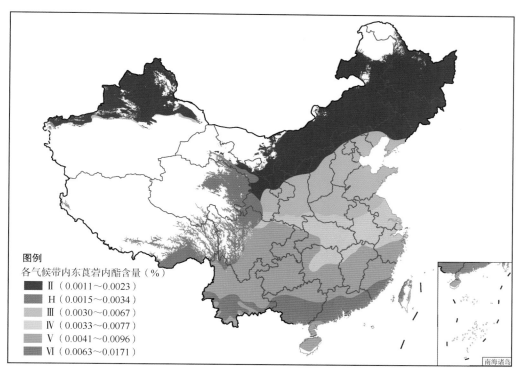

图例
各气候带内东莨菪内酯含量（%）
Ⅱ（0.0011～0.0023）
H（0.0015～0.0034）
Ⅲ（0.0030～0.0067）
Ⅳ（0.0033～0.0077）
Ⅴ（0.0041～0.0096）
Ⅵ（0.0063～0.0171）

南海诸岛

图 5-142　各气候带的东莨菪内酯含量空间分布图

五、东莨菪内酯与地形之间的关系分析

对东莨菪内酯与地形之间的关系进行分析，明确不同地形条件下青蒿受地形影响，青蒿中东莨菪内酯含量的变化规律。

（一）描述性分析

1.海拔总体情况

为明确不同海拔梯度之间东莨菪内酯含量的差异性，以海拔梯度为依据，同时去掉离群值，对各采样地进行分组。利用 R 语言的"小提琴图"和"缺口箱线、散点图、地毯图"绘图功能，对东莨菪内酯含量与海拔之间的关系进行分析，结果如图 5-143、图 5-144 所示。

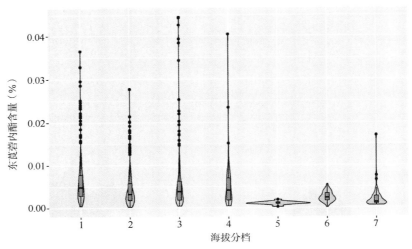

图 5-143　东莨菪内酯含量与海拔梯度之间的小提琴图

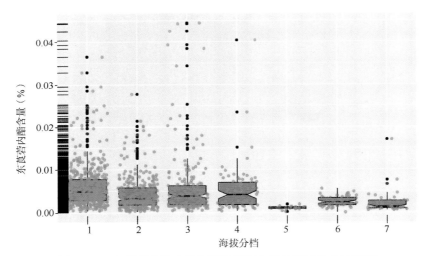

图 5-144　东莨菪内酯含量与海拔梯度之间的箱线散点地毯图

由图 5-143、图 5-144 可以看出：第 1、2、3、4 档内的东莨菪内酯含量相对较高，离群值较多。第 5、6、7 档内的东莨菪内酯含量相对较低，离群值较少。第 4 档海拔内的东莨菪内酯含量的差异性较大。

2. 坡度总体情况

为明确东莨菪内酯含量与坡度之间关系，以坡度（P）为依据对各采样地进行分组。利用 R 语言的"小提琴图"和"缺口箱线、散点图、地毯图"绘图功能，对东莨菪内酯与坡度范围之间的关系进行分析，结果如图 5-145、图 5-146 所示。

由图 5-145、图 5-146 可以看出：坡度在 0° ～ 10° 之间，区域内青蒿中东莨菪内酯含量相对较高；坡度大于 30° 的条件下，区域内青蒿中东莨菪内酯含量相对较低。

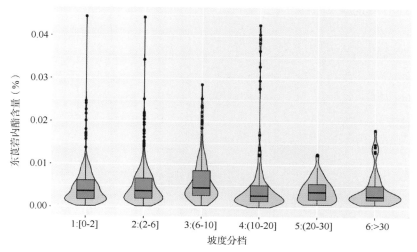

图 5-145　东莨菪内酯含量与坡度范围之间的小提琴图

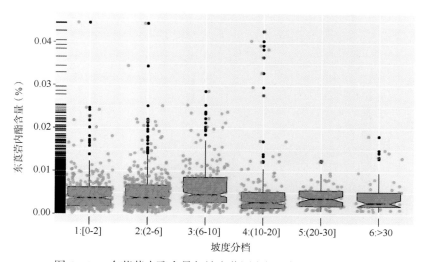

图 5-146　东莨菪内酯含量与坡度范围之间的箱线散点地毯图

3. 坡向总体情况

利用 R 语言的"小提琴图"和"缺口箱线、散点图、地毯图"绘图功能，对不同坡向（0：平地，1：阳坡，2：阴坡）之间东莨菪内酯含量的均值进行对比分析，结果如图 5-147、图 5-148 所示。

由图 5-147、图 5-148 可以看出，阳坡和阴坡两个箱的凹槽互接近重叠，表明它们的中位数之间没有显著差异。

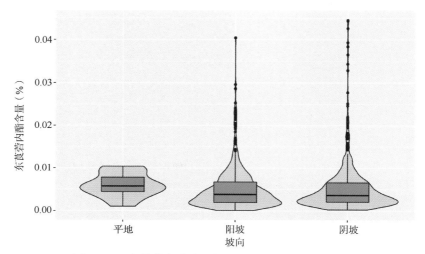

图 5-147　东莨菪内酯含量与坡向范围之间的小提琴图

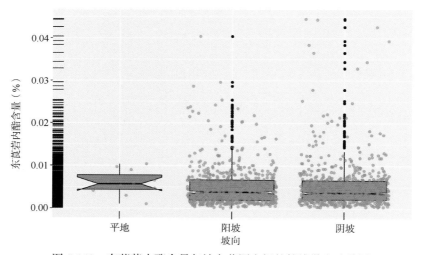

图 5-148　东莨菪内酯含量与坡向范围之间的箱线散点地毯图

（二）不同地形条件下东莨菪内酯含量的差异性分析

1. 不同海拔之间东莨菪内酯含量的差异性

利用 R 语言的方差分析功能，对不同海拔范围内东莨菪内酯的差异性进行对比分析，结果显示：不同海拔梯度范围之间东莨菪内酯含量有显著性差异（$P = 4.02e{-}13$），具体如图 5-149 所示。

利用 R 语言方差分析的多重比较功能，对不同海拔范围之间东莨菪内酯含量均值的差异性进行对比分析，结果显示：第 1 和 2、5、6、7 档，第 3 和 5、6、7 档之间的差异性显著，具体如图 5-150 所示。

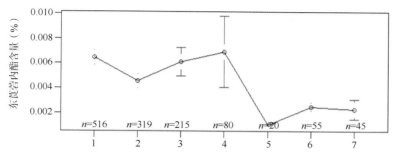

图 5-149 不同海拔范围之间东莨菪内酯含量的均值和置信区间

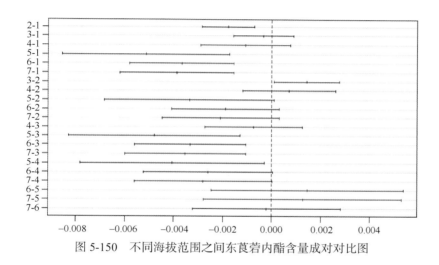

图 5-150 不同海拔范围之间东莨菪内酯含量成对对比图

2. 不同坡度之间东莨菪内酯含量的差异性

利用 R 语言的方差分析功能,对不同坡度范围内东莨菪内酯的差异性进行对比分析,结果显示:不同坡度梯度范围之间东莨菪内酯含量有显著性差异($P = 0.00186$),具体如图 5-151 所示。

利用 R 语言方差分析的多重比较功能,对不同坡度范围之间东莨菪内酯含量均值的差异性进行对比分析,结果显示:第 1 和 3 档之间的差异性较显著,具体如图 5-152 所示。

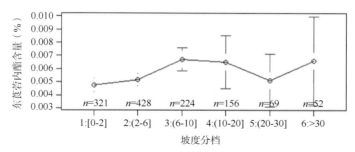

图 5-151 不同坡度范围之间东莨菪内酯含量的均值和置信区间

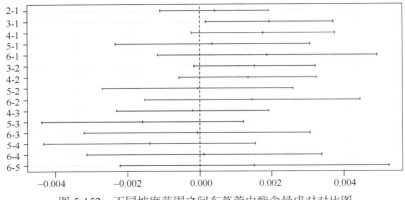

图 5-152　不同坡度范围之间东莨菪内酯含量成对对比图

3. 不同坡向之间东莨菪内酯含量的差异性

利用 R 语言的方差分析功能，对不同坡向范围内东莨菪内酯的差异性进行对比分析，结果显示：不同坡向之间东莨菪内酯含量之间差异性不显著，结果如图 5-153 所示。

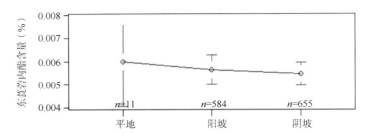

图 5-153　不同坡向范围之间东莨菪内酯含量的均值和置信区间

（三）东莨菪内酯与地形之间的关系分析

利用 R 语言的马赛克绘图功能，对东莨菪内酯与坡向、坡度和海拔之间的关系进行分析，结果如图 5-154、图 5-155 所示。

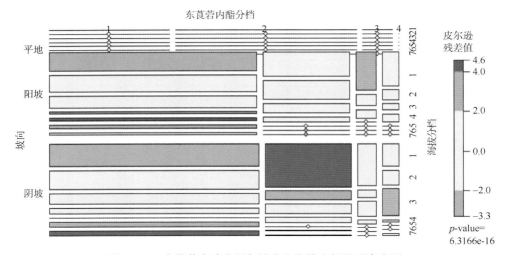

图 5-154　东莨菪内酯含量与坡向和海拔之间的马赛克图

由图 5-154、图 5-155 可以看出，阴坡和阳坡，东莨菪内酯 1 和 2 档，以及海拔 1、2、3 档的样本量数据较大；坡度 1、2 档，东莨菪内酯 1 和 2 档，以及海拔 1、2、3 档的样本量数据较大。

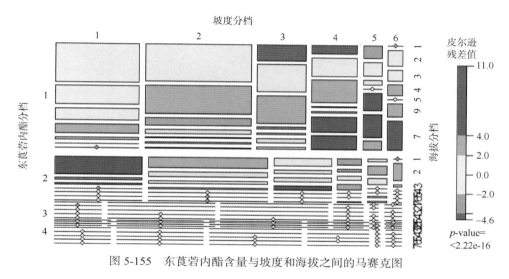

图 5-155　东莨菪内酯含量与坡度和海拔之间的马赛克图

（四）基于海拔梯度的东莨菪内酯含量空间分布特征

利用 R 语言的统计函数，计算不同海拔分档内东莨菪内酯含量的最小、最大、均值、中位数、1/4 分位数、3/4 分位数等基本统计量，结果如表 5-21 所示。

表 5-21　不同海拔分档内东莨菪内酯含量统计量

海拔分档	个数	标准差	最小值	均值	最大值	1/4 分位数	中位数	3/4 分位数
第 1 档	516	0.0069	0.0004	0.0065	0.0973	0.0029	0.0049	0.0079
第 2 档	319	0.0050	0.0002	0.0046	0.0564	0.0018	0.0032	0.0058
第 3 档	215	0.0085	0.0004	0.0061	0.0687	0.0019	0.0039	0.0063
第 4 档	80	0.0129	0.0004	0.0069	0.0883	0.0019	0.0042	0.0072
第 5 档	20	0.0004	0.0002	0.0011	0.0019	0.0009	0.0010	0.0013
第 6 档	55	0.0012	0.0001	0.0025	0.0056	0.0017	0.0024	0.0034
第 7 档	45	0.0027	0.0006	0.0023	0.0170	0.0010	0.0013	0.0027

根据不同海拔梯度条件下，东莨菪内酯含量的 1/4 分位数为下限、东莨菪内酯含量的 3/4 分位数为上限（具体见表 5-21）；利用 ArcGIS、基于中国的海拔梯度和行政区划边界，绘制东莨菪内酯含量的空间分布图，结果如图 5-156 所示。

由图 5-156 可以看出：仅考虑海拔梯度的影响，橘黄色、红色区域内的东莨菪内酯含量相对较高，中国华北、华中、华东以及东北部分地区橘黄色、红色区域的面积较大。

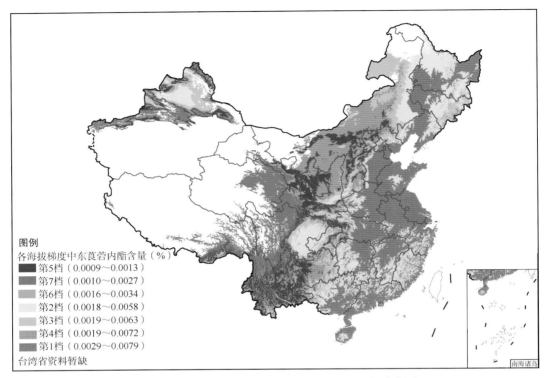

图 5-156　基于海拔梯度的东莨菪内酯含量空间分布图

第六节　青蒿品质区划的生态环境特征

一、青蒿素等 4 种成分的空间分布估计

（一）构建模型所需环境变量整理

通过前文分析可知，影响青蒿素、青蒿乙素、青蒿酸、东莨菪内酯含量的主要环境因素有土壤、植被、气候和地形等。根据这些影响因素的具体指标值的特点，可以分为连续型的数值变量及非连续型的定性变量。

1. 所需自变量

建立青蒿素等 4 种成分的空间分布预测模型，用到的连续变量包括：海拔（x_1）、年均相对湿度（x_2）、年均日照时长（x_3）、年均温度（x_4）、年均降水量（x_5）、年均辐射（x_6）、土壤酸碱度（x_7）。

建立青蒿素等 4 种成分的空间分布预测模型，用到的定性变量包括：植被类型（x_8）和土壤类型（x_9）。

2. 虚拟变量赋值

为便于利用统计软件，建立同时含有定量变量和定性变量的复合类型变量回归模型，对定性变量进行虚拟化处理，把定性变量转化为虚拟变量。

采样点区域涉及的植被类型（x_8）包括：针叶林、针阔叶混交林、阔叶林、灌丛、荒漠、草原、草丛、草甸、沼泽、高山植被、栽培植被和其他，同 11 个定性变量（无序变量）。所以量化时需要派生出 11 个哑变量，分别为 x_{81}、x_{82}、x_{83}、x_{84}、x_{85}、x_{86}、x_{87}、x_{88}、x_{89}、x_{810}、x_{811}，取值及相应的植被类型见表 5-22 所示。

表 5-22 各植被类型的虚拟化变量取值

植被类型	x_{81}	x_{82}	x_{83}	x_{84}	x_{85}	x_{86}	x_{87}	x_{88}	x_{89}	x_{810}	x_{811}
针叶林	0	0	0	0	0	0	0	0	0	0	0
针阔叶混交林	1	0	0	0	0	0	0	0	0	0	0
阔叶林	0	1	0	0	0	0	0	0	0	0	0
灌丛	0	0	1	0	0	0	0	0	0	0	0
荒漠	0	0	0	1	0	0	0	0	0	0	0
草原	0	0	0	0	1	0	0	0	0	0	0
草丛	0	0	0	0	0	1	0	0	0	0	0
草甸	0	0	0	0	0	0	1	0	0	0	0
沼泽	0	0	0	0	0	0	0	1	0	0	0
高山植被	0	0	0	0	0	0	0	0	1	0	0
栽培植被	0	0	0	0	0	0	0	0	0	1	0
其他	0	0	0	0	0	0	0	0	0	0	1

采样点区域涉及的土壤类型（x_9）包括：淋溶土、半淋溶土、铁铝土、灰化土、钙积土、荒漠土、初育土、变性土、盐碱土、薄层土、红砂土、人为土、其他，同 12 个定性变量（无序变量）。所以量化时需要派生出 12 个哑变量，分别为 x_{91}、x_{92}、x_{93}、x_{94}、x_{95}、x_{96}、x_{97}、x_{98}、x_{99}、x_{910}、x_{911}、x_{912}，取值及相应的土壤类型见表 5-23 所示。

表 5-23 各土壤类型的虚拟化变量取值

土壤类型	x_{91}	x_{92}	x_{93}	x_{94}	x_{95}	x_{96}	x_{97}	x_{98}	x_{99}	x_{910}	x_{911}	x_{912}
淋溶土	0	0	0	0	0	0	0	0	0	0	0	0
半淋溶土	1	0	0	0	0	0	0	0	0	0	0	0
铁铝土	0	1	0	0	0	0	0	0	0	0	0	0
灰化土	0	0	1	0	0	0	0	0	0	0	0	0
钙积土	0	0	0	1	0	0	0	0	0	0	0	0
荒漠土	0	0	0	0	1	0	0	0	0	0	0	0
初育土	0	0	0	0	0	1	0	0	0	0	0	0
变性土	0	0	0	0	0	0	1	0	0	0	0	0
盐碱土	0	0	0	0	0	0	0	1	0	0	0	0

土壤类型	X_{91}	X_{92}	X_{93}	X_{94}	X_{95}	X_{96}	X_{97}	X_{98}	X_{99}	X_{910}	X_{911}	X_{912}
薄层土	0	0	0	0	0	0	0	0	1	0	0	0
红砂土	0	0	0	0	0	0	0	0	0	1	0	0
人为土	0	0	0	0	0	0	0	0	0	0	1	0
其他	0	0	0	0	0	0	0	0	0	0	0	1

（二）空间分布预测模型构建

由于青蒿素、青蒿乙素、青蒿酸、东莨菪内酯含量，与年均日照时数和降水量等的数值相比，数值相对较小。为便于后续分析建模，将青蒿素等 4 种化学成分含量数值整体扩大 100 倍，进行回归分析。

利用 SPSS 的线性回归分析功能，分别构建青蒿素含量（Y_1）、青蒿乙素含量（Y_2）、青蒿酸含量（Y_3）、东莨菪内酯含量（Y_4）与海拔（x_1）、年均相对湿度（x_2）、年均日照时长（x_3）、年均温度（x_4）、年均降水量（x_5）、年均辐射（x_6）、土壤酸碱度（x_7），植被类型（x_8）和土壤类型（x_9）各独立的虚拟变量之间的回归模型。各模型的显著性检验结果，如表 5-24 所示。

表 5-24　各预测模型显著性检验表

	模型	平方和	自由度	均方	F	显著性
	回归	57675.461	7	8239.352	78.437	.000
Y_1	残差	51156.319	487	105.044		
	总计	108831.781	494			
	回归	1546731.694	9	171859.077	39.820	.000
Y_2	残差	2093206.164	485	4315.889		
	总计	3639937.859	494			
	回归	393300.759	7	56185.823	21.723	.000
Y_3	残差	1259592.810	487	2586.433		
	总计	1652893.569	494			
	回归	5374.304	8	671.788	27.147	.000
Y_4	残差	12026.855	486	24.747		
	总计	17401.158	494			

利用 SPSS 的线性回归分析功能，构建得到的青蒿素含量（Y_1）、青蒿乙素含量（Y_2）、青蒿酸含量（Y_3）、东莨菪内酯含量（Y_4）与生态环境因子之间关系模型为：

$$\begin{cases} Y_1 = 64.048 - 0.788x_2 - 0.031x_3 + 0.037x_4 + 0.017x_5 + 0.001x_6 - 4.23x_{81} + 9.195x_{96} \\ Y_1 > 0 \end{cases}$$

$$\begin{cases} Y_2 = -109.337 - 0.051x_1 + 0.006x_6 + 4.441x_7 - 43.638x_{81} - 82.059_{85} - 45.226x_{94} - 37.575x_{95} \\ \quad\quad -65.614x_{96} - 27.472x_{98} \\ Y_2 > 0 \end{cases}$$

$$\begin{cases} Y_3 = -23.082 - 0.026x_1 + 0.002x_6 - 22.644x_{81} - 56.744x_{85} - 18.194x_{94} - 26.521x_{95} - 28.855x_{96} \\ Y_3 > 0 \end{cases}$$

$$\begin{cases} Y_4 = -13.583 + 0.031x_4 + 0.006x_5 + 0.0022x_6 + 0.354x_7 - 3.178x_{81} + 1.653x_{84} - 1.23x_{95} + 3.616x_{96} \\ Y_4 > 0 \end{cases}$$

（三）青蒿素等 4 种成分的空间分布情况预测

分别基于青蒿素含量（Y_1）、青蒿乙素含量（Y_2）、青蒿酸含量（Y_3）、东莨菪内酯含量（Y_4）预测模型，利用 ArcGIS 的空间分析功能，进行中国范围内青蒿素等 4 种成分的分布情况的估算，结果如图 5-157、图 5-158、图 5-159、图 5-160 所示。

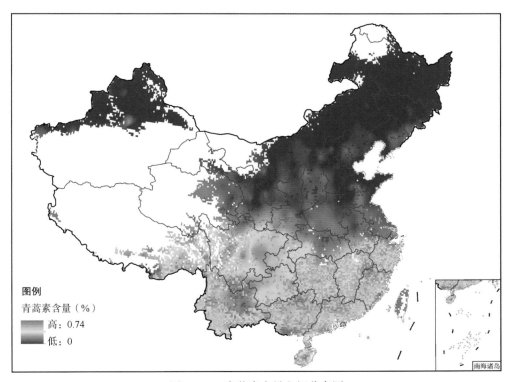

图 5-157　青蒿素含量空间分布图

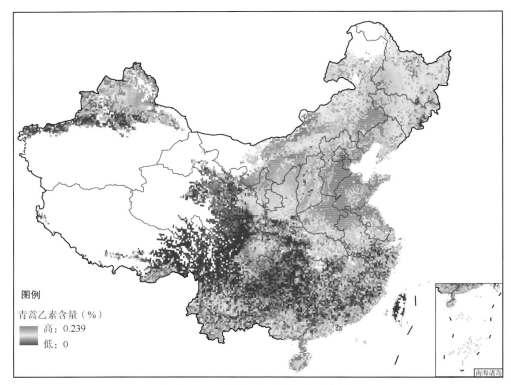

图 5-158   青蒿乙素含量空间分布图

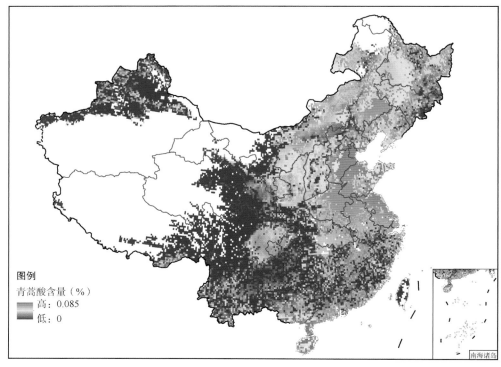

图 5-159   青蒿酸含量空间分布图

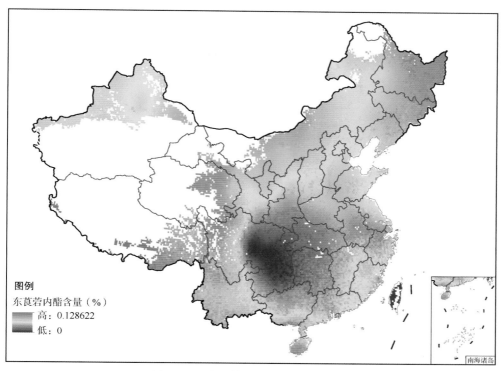

图 5-160　东莨菪内酯含量空间分布图

二、青蒿品质区划的生态环境特征

基于课题组实地调查各采样点和青蒿中青蒿素的含量数据，及青蒿素含量估算模型（Y_1）的结果（图 5-157），通过生态环境数据库，利用 ArcGIS 软件，提取青蒿素含量> 0.5% 的区域内的植被类型、土壤类型、海拔高度、年均温度、年均降水量、年均日照时数、年均湿度，太阳辐射信息，结果如表 5-25 所示。

表 5-25　对青蒿素有影响的主要环境因素及范围

主要环境因素	实地调查> 0.5% 的区域			估算模型> 0.5% 的区域		
	最大值	最小值	均值	最大值	最小值	均值
年均温度	23.1	2.9	17.6	19.1	−1.8	10.6
年均降水量	2041	140	1300.98	2242	208	722.85
年均日照时数	2636.07	813.51	1237.4	2630.22	1320.26	2007.06
年均湿度	85	44	76.61	82	47	65.34
太阳辐射	57990.4	26579.5	33977.32	49481.04	34733.75	41209.68
海拔高度	3969	0	439.14	3026	0	531.34
植被类型	针叶林、栽培植被、阔叶林、灌丛、草丛、草甸、沼泽、其他			针叶林、栽培植被、针阔叶混交林、阔叶林、灌丛、荒漠、草原、草丛、草甸、沼泽、其他		
土壤类型	黏绨土、黏磐土、盐土、铁铝土、疏松岩性土、砂性土、人为土、潜育土、其他、火山灰土、灰色土、灰壤、黑土、高活性强酸土、高活性淋溶土、低活性强酸土、低活性淋溶土、雏形土、冲积土、薄层土			黏绨土、黏磐土、有机土、盐土、铁铝土、疏松岩性土、石膏土、砂性土、人为土、潜育土、其他、栗钙土、碱土、火山灰土、灰色土、灰壤、黑土、黑钙土、高活性强酸土、高活性淋溶土、钙积土、低活性强酸土、低活性淋溶土、雏形土、冲积土、变性土、薄层土		

前文，对青蒿与环境和地理分布之间的关系进行了研究，从青蒿在区域之间的有无和潜在分布概率角度进行了分布区划，从青蒿生物量的多少角度进行了生长区划，从青蒿素等化学成分含量高低角度进行了品质区划。

本章在分布、生长和品质区划研究的基础上，同时考虑自然生态环境因子对青蒿产量、质量及青蒿素产量的影响，并结合工业生产对青蒿原料的要求、各地土地利用状况等社会经济因素，进行以青蒿素等化学成分含量生产的区划研究，为以某种成分生产为目标的青蒿人工种植基地的选取，及原料来源地的确定提供依据。

一般认为药材的功效作用是药材中的有效成分在起作用。青蒿药材具有解暑热、截疟、退黄等功效，青蒿中的有效成分种类较多。青蒿的基原植物为广布种，不同区域之间青蒿中同种化学成分差异明显。不同区域青蒿中化学成分的差异性，可能会导致青蒿药效作用的不同。

本章主要通过谱系地理学的方法，对青蒿遗传多样性和遗传结构进行研究，探讨青蒿的谱系地理结构，明确青蒿的物种起源地分布区域，为青蒿的种质资源收集保存和利用提供参考依据。分析研究，自然条件下不同区域所产青蒿药材，不同功效作用对应化学型，及其空间分布特征规律，为青蒿优质药材产区的选取和基地的选址等生产实践活动提供参考依据。

第一节　广西青蒿素生产区划

一、青蒿素含量估算模型构建

根据前期研究结果选取与青蒿素含量相关性较大的生态因子，用 SPSS13.0 统计软件的多元逐步回归分析功能，构建青蒿素含量与生态因子之间的关系模型。

由于在青蒿的人工种植过程中，9 月份青蒿已经采收完毕，因此，模型构建时选取的气象因子包括 2 到 8 月份的温度、降雨量、日照时数和湿度；土壤因子包括土壤中无机元素 N、P、K、Mg 和 Ca 的含量；地形因子包括坡度和海拔高度。

通过逐步回归分析，得到青蒿素含量与生态因子间的关系模型：

$$Y = -0.523 - 0.000409X_1 - 0.000482X_2 + 0.3344X_3 + 0.06X_4 - 0.206X_5 - 0.071X_6 + 0.0133X_7 + 0.0274X_8$$

对回归模型进行 0-1 标准化处理后，得到青蒿素含量与生态因子之间的关系模型为：

$$Y = 1.04 - 0.637X_1 - 6.38X_2 + 1.170X_3 + 0.306X_4 - 0.598X_5 - 0.825X_6 + 6.278X_7 + 0.143X_8$$

（Y：青蒿素含量、X_1：2月份温降系数、X_2：8月份温降系数、X_3：8月份最低均温、X_4：土壤中氮的含量、X_5：7月份均温、X_6：3月份最低均温、X_7：8月份降雨量、X_8：6月份降水日照系数）

根据模型分析影响青蒿素含量的生态主导因子，由模型知，8月份的气象因子是影响青蒿素含量变化的主导生态因子。

二、青蒿素含量的空间估算

应用 ArcGIS 软件的地理空间分析功能，根据气象站点所在地的地理位置，对逐步回归筛选到的生态因子进行空间插值分析。将点状的气象数据反衍形成面状数据，得到各生态因子在广西境内的空间分布图。应用 ArcGIS 软件的数据转换功能把插值得到的矢量数据图转换成栅格数据，根据逐步回归方程对插值的结果进行空间计算，得到广西地区青蒿素含量的空间分布图。

根据青蒿素含量空间分布结果，以及工业提取对青蒿素含量的要求，对青蒿素含量进行聚类分析。根据青蒿素含量，按如下分类原则进行区域划分：区域内青蒿中青蒿素含量低于 0.5% 的为不适宜区域；介于（0.5%，0.64%）之间的为适宜区域；介于（0.64%，0.8%）之间的为较适宜区域；高于 0.8% 的为最适宜区域。对广西地区青蒿素含量进行适宜性区划，区划结果如图 6-1 所示。

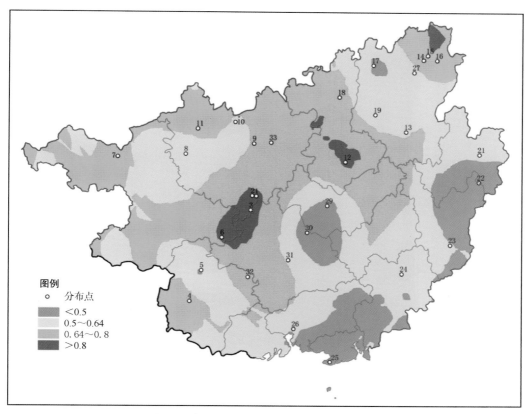

图 6-1　广西地区青蒿素含量（%）等级分布

由图 6-1 可以看出：①桂东北到西南一带红色区域内（主要包括全州、柳城、都安、大化、平果、马山、武鸣和隆安等县区）青蒿中青蒿素含量较高，青蒿素含量＞ 0.8%。从人工种植获得青蒿素含量最大化的角度出发，该区域为青蒿人工种植基地的最适宜区域。②橙色区域青蒿中青蒿素含量在 0.64%～0.8%，为青蒿人工种植基地的较适宜区域。③黄色区域青蒿中青蒿素含量在 0.5%～0.64%，为青蒿人工种植的适宜区域。④绿色区域内，青蒿中青蒿素含量最低，小于工业提取要求的 0.5%。主要包括北海市、钦州市、贵港市、贺州市、梧州市和岑溪市的部分地区，灵山、湘北、博白、陆川、来宾、上林、宾阳、苍梧、昭平和藤县的部分地区，该区域内不适宜青蒿的人工种植。

从青蒿素含量等级分布情况可以看出，广西大部分地区的青蒿素含量均能满足工业提取对青蒿素含量大于 0.5% 的要求。

三、以青蒿素产量为目标的生产区划

（一）青蒿素含量空间分布

根据公式：青蒿素产量＝青蒿生物量 × 青蒿素含量。应用 ArcGIS 软件将野生青蒿生物量和青蒿中青蒿素含量的空间分布模型进行相乘，并以图形输出，得到广西地区单株青蒿的青蒿素产量分布情况。根据青蒿素产量的高低，对青蒿素产量进行区域划分，并以图形的形式输出，结果如图 6-2 所示。

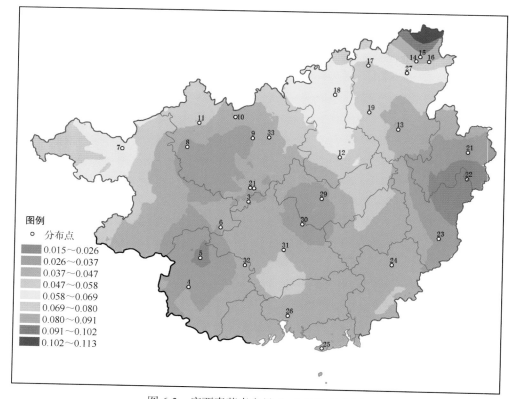

图 6-2   广西青蒿素产量（g）等级分布图

由图6-2可以看出：①广西北部红色、橙色和黄色区域内（主要位于：全州、资源、兴安、灌阳、龙胜、三江、融安、融水、永福、柳县、西林、隆林和西林等县）的青蒿素产量较高。②南部绿色区域内（主要位于：岑溪市、梧州市、贺州市、崇左市、河池市西南部，以及来宾市、贵港市、百色市的部分地区）青蒿素产量较低。③其他区域介于中间状态。

（二）以青蒿素生产为目标的种植基地选取

桂东北地区（永福、林临和雁山）的20、28和34号样地的青蒿为人工栽培的。通过对青蒿的人工管理，区域内青蒿中青蒿素含量均在0.93%以上，高出野生的25%左右，青蒿生物量均值为0.61kg（鲜重），高出野生的500%左右。青蒿人工种植对青蒿生物量的提高程度远远高于对青蒿素含量的提高程度。

综合考虑青蒿素含量、生物量、青蒿素产量空间分布情况以及广西土地利用情况。将不利于青蒿分布及严重影响青蒿产量及质量的区域划为不适宜区域；自然条件或者通过人工种植后可以得到较高青蒿素含量和生物量的区域为最适宜区域；青蒿素含量介于0.5%（工业提取最低要求）和0.64%的区域为适宜区域，其他为较适宜区域。

根据上述划分原则得到广西青蒿种植基地生态适宜性区划结果，如图6-3所示。

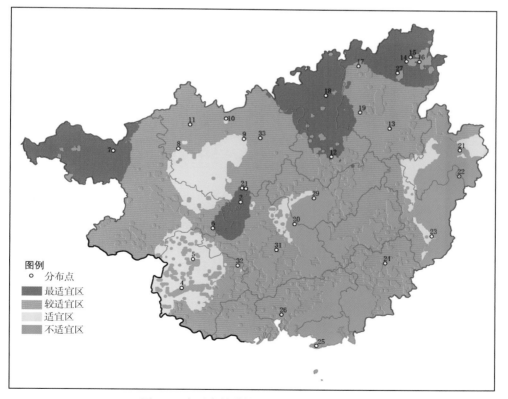

图6-3　广西青蒿种植基地生产适宜性区划

由图6-3可以看出：①红色区域为最适宜区域，主要包括：都安、大化、平果、马山、武鸣、隆安、灌阳、全州、资源、龙胜、兴安、永福、融安、三江、融水、鹿寨、柳城、罗城、田林、隆林、西林等县的部分地区。②橙色区域为较适宜区域。③黄色区域为适宜区域。④绿色区域为不适宜区域，主要包括：北海市、钦州市、贵港市、贺州市、梧州市和岑溪市的部分地区，灵山县、湘北县、博白县、陆川、来宾、宾阳、横县、苍梧、昭平和藤县的部分地区，以及河流、湖泊、城市等不适宜建立种植基地区域。

　　广西地区通过人工种植青蒿，可以提高青蒿的生物量和青蒿素的含量，从而获得比野生条件下更优质高产的青蒿原料。影响青蒿素含量的主要生态因素为气候和地形条件，影响青蒿生物量的主要生态因素为土壤条件。生态环境对青蒿的生物量和青蒿素含量的影响规律不同。有利于青蒿素含量积累的生态因子不一定有利于生物量积累，有利于生物量积累的生态因子却不一定有利于青蒿素含量的积累。

　　因此，通过人工种植获得高产优质的青蒿原料和人工种植基地的选取，要综合考虑生态环境对青蒿素含量和青蒿生物量的影响，以及社会经济活动和工业生产对青蒿药材的实际需求。根据区域内自然条件，合理配置社会资源、充分利用自然资源进行青蒿素的人工生产。

　　自然条件下，从野生青蒿资源的单株青蒿素产量最大化的角度出发，桂林和柳州的北部、河池东部以及百色的西部为青蒿原料的最佳区域。进行青蒿的人工种植基地选址过程中，在自然生态条件下选在广西的北部比南部更适宜。广西的平原面积占全区土地总面积的 23.4%，70% 的耕地集中在浔江平原、南流江三角洲、贺江中下游平原、钦江三角洲等桂东、桂东南的平缓区域内，是广西稻谷与甘蔗等农作物的主产地；沿江和沿河的平缓区域是城市和基础设施的所在地，该区域内不适宜青蒿的人工种植。

　　因此，充分利用广西地区的地形优势，选取适宜的区域进行青蒿的人工种植。如果可以通过人工种植、改良区域内的土壤条件来提高青蒿生物量，南宁、柳州到桂林一线地势较高青蒿中青蒿素含量较高的区域，均是青蒿人工种植的理想区域。

第二节　青蒿的化学型及其分布

　　化学型（Chemotype）是指同种植物由于所含化学成分的差异而分为多种类型，但植物本身在形态上的差异并不明显。这是遗传和环境共同作用的结果，也是植物种内生物多样性的一种表现。对于药用植物而言，不同化学型药材临床作用可能不同。

　　相关研究显示，青蒿中青蒿素、东莨菪内酯等具有截疟作用效果，青蒿乙素、青蒿酸等就有解热作用效果。本节主要研究，自然条件下不同区域所产青蒿中青蒿乙素、青蒿酸、青蒿素和东莨菪内酯 4 种化学成分的比例关系，青蒿药材中不同功效作用对应化学型，及其空间分布特征规律。

一、青蒿化学型特征研究

（一）青蒿素等 4 种化学成分之间的特征关系

　　为明确不同省份青蒿中青蒿素等 4 种化学成分之间的特征，应用 Excel 分析 19 个省（区、市）250 个采样点、1250 份青蒿样品中青蒿素等 4 种化学成分的比例关系，结果如图 6-4 所示。由图 6-4 可知，不同地区青蒿中青蒿素等 4 种化学成分之间比例关系差异较大。

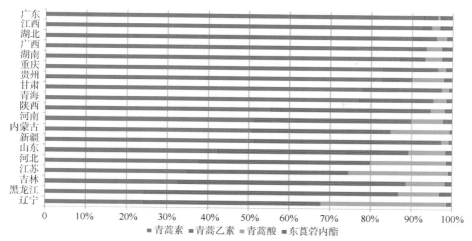

图 6-4 青蒿素等 4 种化学成分的比例关系

应用 R 语言，对青蒿中青蒿素等 4 种化学成分含量：青蒿乙素、青蒿素、青蒿酸、东莨菪内酯进行相关分析。结果显示：4 种化学成分之间具有明显的相关性，具体见表 6-1 所示。

由表 6-1 可以看出：青蒿乙素与青蒿素显著负相关，青蒿乙素与青蒿酸显著正相关，东莨菪内酯与青蒿素显著正相关，东莨菪内酯与青蒿酸显著正相关。

表 6-1 青蒿中化学成分含量的相关性

化学成分	青蒿乙素	青蒿素	青蒿酸	东莨菪内酯
青蒿乙素	1			
青蒿素	-0.141^{**}（p=0）	1		
青蒿酸	0.785^{**}（p=0）	—	1	
东莨菪内酯	—	0.448^{*}（p=0）	0.133^{*}（p=0）	1

注：** 为相关性在 0.01 水平显著；* 为相关性在 0.05 水平显著

说明同一区域青蒿中青蒿乙素含量越高、青蒿素含量越低；反之，青蒿素含量越高、青蒿乙素含量越低。

（二）青蒿的化学型

1. 主成分分析

利用 R 语言的主成分分析方法，对 250 个采样点 1250 份样品中青蒿素等 4 种化学成分含量进行分析，结果显示：

标准差（特征值）大于 1 的主成分有 2 个，主成分 1 的特征值为 1.3433839，贡献率为 45.11701；主成分 2 特征值为 1.2075314，贡献率为 36.45330，累积贡献率为 81.57%。

说明这 2 个主成分就已经反映了青蒿素等 4 种化学成分差异的大部分特性。青蒿素等 4 种化学成分的主要特征，可以用以下 2 个模型代表：

$Y_1=0.684x_1+0.703x_2+0.157x_3$（$Y_1$：主成分 1，$x_1$：青蒿乙素，$x_2$：青蒿酸，$x_3$：东莨菪内酯）

$Y_2=0.158x_1-0.714x_2-0.682x_3$（$Y_2$：主成分 2，$x_1$：青蒿乙素，$x_2$：青蒿素，$x_3$：东莨菪内酯）

为明确主成分 1 和主成分 2 的空间区域分布情况，应用 ArcGIS 软件空间计算功能，根据前文青蒿素等 4 种化学成分空间插值结果和主成分模型，计算得到第 1 主成分的空间分布情况，结果如图 6-5 所示；第 2 主成分的空间分布情况，结果如图 6-6 所示。

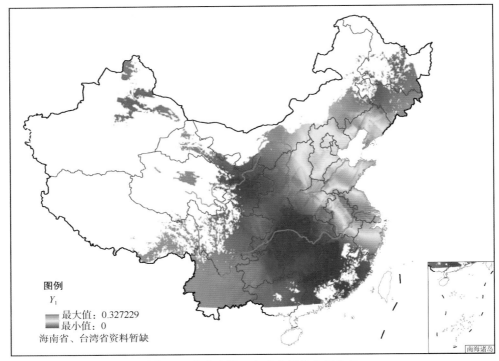

图 6-5   青蒿中第 1 主成分得分空间分布

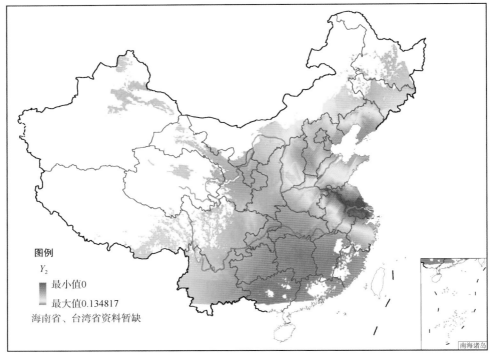

图 6-6   青蒿中第 2 主成分得分空间分布

2. 聚类分析

通过主成分分析结果，可以看出：第 1 主成分，以青蒿乙素和青蒿酸为主；相关研究表明青蒿乙素和青蒿酸对治疗"暑热"有效果，提示中药青蒿"解暑热"的功效应该是第 1 主成分起主要作用。第 2 主成分，以青蒿素和东莨菪内酯为主，相关研究表明青蒿素、东莨菪内酯对治疗疟疾有效果，提示青蒿"截疟"的功效应该是第 2 主成分起主要作用。

应用 SPSS 统计软件对各省（区、市）主成分分析得分进行聚类分析，结果显示：19 个省（区、市）被分为 2 组，结果如图 6-7 所示。

由图 6-7 可以看出：江西、湖北、重庆、湖南、广西、广东和贵州 7 个省（区、市）被聚为一类；吉林、黑龙江、山东、河南、新疆、陕西、内蒙古、河北、青海、甘肃、辽宁、江苏 12 个省区被聚为一类。

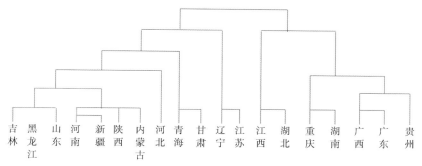

图 6-7　主成分得分聚类分析结果

为明确不同省份第 1 主成分和第 2 主成分之间的特征，应用 Excel 绘制 19 个省，（青蒿素 + 东莨菪内酯）/（青蒿素、青蒿乙素、青蒿酸和东莨菪内酯）和（青蒿乙素 + 青蒿酸）/（青蒿素、青蒿乙素、青蒿酸和东莨菪内酯）的百分比之间的曲线图，结果如图 6-8 所示。由图 6-8 可以看出：

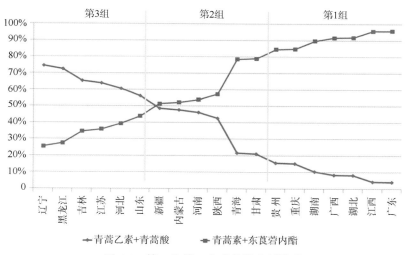

图 6-8　第 1 和第 2 主成分的比例关系

　　聚类分析第 1 类的省份（江西、湖北、重庆、湖南、广西、广东和贵州），青蒿中"青蒿乙素与青蒿酸之和"均高于"青蒿素与东莨菪内酯之和"。

　　聚类分析第 2 类的省份则有两种情况：新疆、陕西、内蒙古、河南、青海、甘肃的，"青蒿乙素与青蒿酸之和"高于"青蒿素与东莨菪内酯之和"。吉林、黑龙江、山东、河北、辽宁、江苏的，"青蒿乙素与青蒿酸之和"低于"青蒿素与东莨菪内酯之和"。

　　根据聚类分析结果，提示：青蒿可能存在 3 种化学型。

3. 散点图分析

　　结合图 6-5 和图 6-6，应用 Excel 对第 1 和第 2 主成分得分进行散点图分析，结果如图 6-9 所示。由图 6-9 可知：

　　吉林、黑龙江、山东、河北、辽宁、江苏省的采样点主要沿着 X 轴分布。第 1 主成分，主要是青蒿乙素含量占比较大，定义为"QHYS 型"（青蒿乙素主导型）。

　　新疆、陕西、内蒙古、河南、青海、甘肃省的采样点主要分布在第四象限原点附近。第 1 主成分和第 2 主成分占比接近，定义为"ZJ 型"（中间型）。

　　江西、湖北、重庆、湖南、广西、广东和贵州省的采样点主要沿着 Y 轴分布。第 2 主成分，主要是青蒿素含量占比较大，定义为"QHS 型"（青蒿素主导型）。

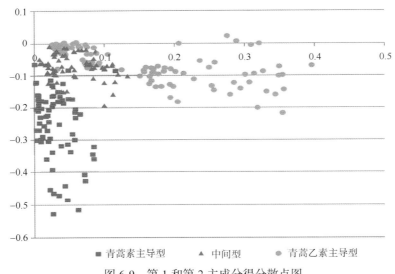

图 6-9　第 1 和第 2 主成分得分散点图

4. 空间分布估计

　　应用 ArcGIS 的空间计算功能，基于前文关于各地青蒿中青蒿素、青蒿乙素、青蒿酸和东莨菪内酯 4 种化学成分含量空间插值结果，分别计算各地（青蒿素＋东莨菪内酯）/（青蒿素、青蒿乙素、青蒿酸和东莨菪内酯）和（青蒿乙素＋青蒿酸）/（青蒿素、青蒿乙素、青蒿酸和东莨菪内酯）。（青蒿素＋东莨菪内酯）/（青蒿素、青蒿乙素、青蒿酸和东莨菪内酯）结果如图 6-10 所示。（青蒿乙素＋青蒿酸）/（青蒿素、青蒿乙素、青蒿酸和东莨菪内酯）与图 6-10 一样，代表的内容相反。

结合图 6-10 的分布情况和青蒿的化学型特征，可以看出：

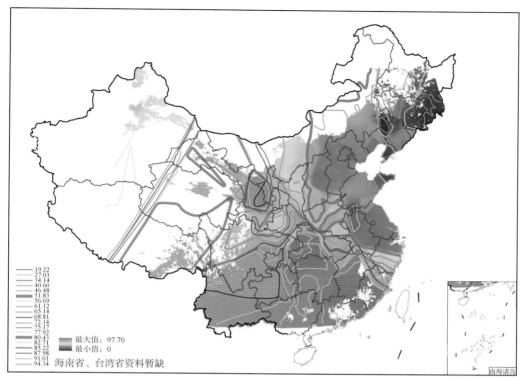

图 6-10　第 2 主成分百分比分布图

西南部地区（绿色线以南的红色区域），青蒿中青蒿素和东莨菪内酯含量占比较高，青蒿的化学型主要为青蒿素型。"青蒿素型"的青蒿，主要分布于：重庆、云南、湖南、贵州、广西、广东、江西，以及甘肃、青海、四川和西藏部分地区。

西部和西北地区占比处于中间状态；"中间型"的青蒿，主要分布于：新疆、青海、甘肃、四川、宁夏、湖北、河南、内蒙古和陕西大部分地区。

华北和华东地区（蓝色线以北的绿色区域），青蒿中青蒿乙素＋青蒿酸含量占比较高，青蒿的化学型主要为青蒿乙素型。"青蒿乙素型"的青蒿，主要分布于：黑龙江、吉林、辽宁、山西、山东、江苏、安徽的大部分地区。

二、青蒿化学型空间分布与生态环境关系研究

（一）化学成分与环境因子之间的关系

应用 R 语言对青蒿中青蒿素等 4 种化学成分含量与其所在地理位置进行相关分析，结果如表 6-2 所示。由表 6-2 可以看出：青蒿中青蒿素等 4 种化学成分含量与经度、纬度

和海拔之间相关性显著，说明青蒿化学成分与地理位置之间有一定的关系。

　　构成第 1 主成分的青蒿乙素和青蒿酸，经向变异规律明显，随着经度的增加含量逐渐升高。构成第 2 主成分的青蒿素和东莨菪内酯，纬向变异规律明显，随着纬度的增加含量逐渐降低。

　　应用 R 对青蒿中青蒿素等 4 种化学成分含量与气候因子进行相关分析，结果如表 6-2 所示。通过表 6-2 可以看出，4 种化学成分含量与辐射量、降雨量、湿度、温度、日照时数、年均无霜期之间相关性显著。其中：

表 6-2　青蒿中 4 种化学成分与环境因子间的相关性

环境因子	青蒿酸	青蒿乙素	青蒿素	东莨菪内酯
经度（°E）	0.285**	0.323**	−0.239**	−
纬度（°N）	−	0.147**	−0.681**	−0.513**
海拔高度（m）	−0.323**	−0.387**	−	−0.176**
辐射量	.061*	−	−.145**	−.120**
降雨量	−.279**	−.113**	.522**	.349**
湿度	−	.059*	.646**	.383**
温度	−.273**	−.078**	.406**	.251**
日照时数	0.082**	−0.268**	−0.156**	−0.085**
年均无霜期	0.651**	−0.063*	−	0.365**

注：** 为相关性在 0.01 水平显著；* 为相关性在 0.05 水平显著

　　构成第 1 主成分的青蒿乙素和青蒿酸，与气候因子之间关系的一致性较弱；随着温度和降雨量的增加青蒿乙素和青蒿酸含量均逐渐升高；随着日照时数和年均无霜期的增加，青蒿乙素含量逐渐降低、青蒿酸逐渐升高。

　　构成第 2 主成分的青蒿素和东莨菪内酯，与气候因子之间的关系具有较高的一致性，随着日照时数和辐射量的增加其含量逐渐降低，随着温度、湿度和降雨量的增加其含量逐渐升高。

（二）化学型的空间分布

　　应用 ArcGIS 基于中国地形和温度带数据，依据 250 个采样点的经纬度坐标和化学型，生成青蒿各化学型与中国地形和温度带之间的空间分布图，结果如图 6-11 和图 6-12 所示。

　　由图 6-11 和图 6-12 可以看出：QHS 型：主要分布于中国东南部，亚热带与第一阶梯和第二阶梯交叉的地区。QHYS 型：主要分布于中国北部，暖温带和中温带与第一阶梯交叉的地区。ZJ 型：主要分布于中国北部，暖温带和中温带与第二阶梯交叉的地区。

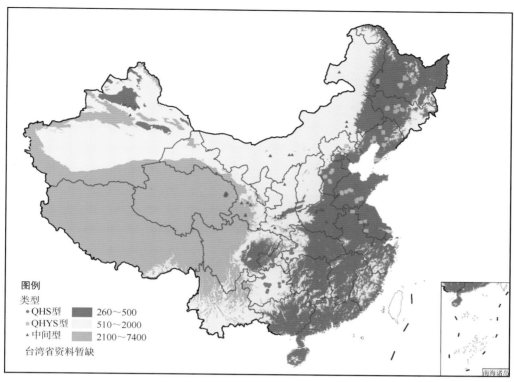

图 6-11　化学型与地形地貌之间的关系

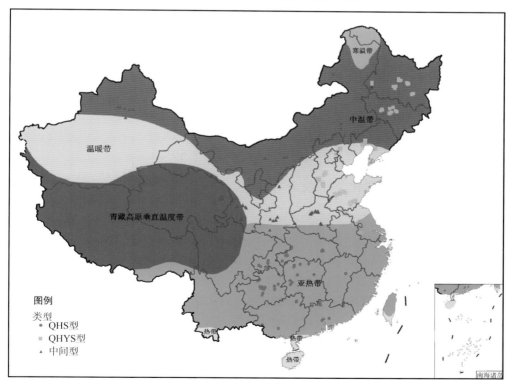

图 6-12　化学型与气候带之间的关系

三、青蒿化学型特征及其空间分布规律

（一）青蒿化学型特征提取

根据青蒿中青蒿素等4种成分含量的百分比、第2主成分和第1主成分百分比以及化学型与中国地形和温度带之间的空间分布关系，提取得到青蒿化学型的特征和空间分布特征，结果如表6-3所示。

表6-3　青蒿化学型及分布特征

化学型	Qa（%）	Qb（%）	Qc（%）	Qd（%）	PC1（%）	PC2（%）	分布区域	地形区	气候带
QHS 型	82.8～92.8	2.2～13.6	0.5～7.9	1.5～3.8	0～20	80～100	31度以南	第一、二阶梯	亚热带
ZJ 型	50.8～78.2	18.2～46	14.5～1.8	0.6～2.4	20～50	50～80	31度以北，西部	第二阶梯	暖温带、中温带
QHYS 型	24.1～42.2	39.5～62.5	9.0～30.8	0.98～3.2	＞50	＜50	31度以北，东部	第一阶梯	暖温带、中温带

（二）青蒿化学型空间分布规律

通过对全国不同地区青蒿中青蒿素等4种化学成分的比例关系和化学型特征分析，结果如下：

青蒿素主导型（QHS 型），第2主成分高于第1主成分，主要分布于我国的南部。青蒿中以有"截疟"作用的青蒿素和东莨菪内酯为主，第2主成分高于第1主成分，主成分1的百分量占比＜20%、主成分2的百分量占比＞80%。

青蒿乙素主导型（QHYS 型），第1主成分高于第2主成分，主要分布于我国的华北和东北部。青蒿中以有"解暑热"作用的青蒿乙素和青蒿酸为主，主成分1的百分量占比＞50%、主成分2的百分量占比＜50%。

中间型（ZJ 型），青蒿中第2主成分略高于第1主成分，主成分1的百分比介于（20%～50%）之间，主成分2的百分比介于（50%～80%）之间。

（三）道地产区青蒿化学型及分布规律

根据《本草品汇精要》关于青蒿道地产区为"汝阴、荆、豫、楚州"、《清宫医案》关于青蒿道地产区为"青蒿出荆州"的记载，结合青蒿中3种化学型的空间分布情况，可以看出，按照传统认识，青蒿道地产区为青蒿3种化学型的交叉过渡带。按照传统认识青蒿道地产区为青蒿的综合功效最佳的区域，青蒿中青蒿素百分比略高于50%，青蒿乙素百分比略低于50%，青蒿酸和东莨菪内酯百分比在5%左右。

根据《中国道地药材》关于青蒿道地产区为"青蒿出重庆酉阳"的记载，以及现在青蒿主要用于提取青蒿素，一般以青蒿素含量高作为评价青蒿药材道地产区或优质产区的指标，可以看出，青蒿中青蒿素百分比高于80%的为最佳区域，主要为青蒿素型的分布区域。

第三节　青蒿遗传资源保护区

本节主要通过谱系地理学的方法，对青蒿遗传多样性和遗传结构进行研究，探讨青蒿的谱系地理结构，阐明青蒿的多样化中心和起源中心，为保护青蒿遗传多样性的完整性提供依据。

一、样品采集和分析方法

（一）样品采集

在查阅青蒿地理分布和植物标本的基础上，对覆盖青蒿分布区的代表居群进行分子材料采集，共在 19 个省（区、市），采集 94 个野生居群，1211 个个体，分子材料装于信封中，用硅胶迅速干燥脱水，同时记录采样点的地理信息。各采样点的位置如图 6-13 所示。

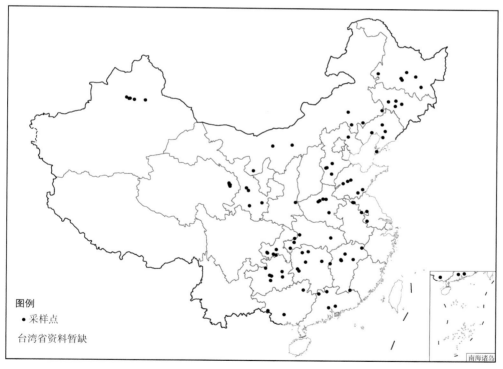

图 6-13　青蒿分子材料采样点分布图

（二）分析方法

分子材料用 CTAB 法提取总 DNA，用 2 个叶绿体 DNA 片段 *psbA-trnH* 和 *trnL-trnF* 进行 PCR 扩增和测序。

测序结果用 ContigExpress 软件和 BioEidt 软件进行序列比对，并运用 DanSP 软件分析居群的单倍型数量和频率，利用 Network 软件构建单倍型网状进化树；计算并比较基因分化系数 G_{ST} 和 N_{ST}，并用 AMOVA 分析居群遗传结构，用 Power-Marker 软件计算 Nei（1983）遗传距离，用 Mantel test 计算遗传距离与地理距离的相关性，用 ArcMap 软件绘制单倍型地理分布图。

二、分析结果

（一）单倍型的变异和分布

对青蒿 94 个居群的 1211 个个体的 *psbA-trnH* 和 *trnL-trnF* 两个片段序列进行调整，去掉两端不能确定的碱基，连接两个片段，共有 27 个变异位点，形成 17 个单倍型。

对单倍型在 94 个居群中的分布情况进行分析，结果显示：81 个居群只有一种单倍型；13 个居群有 2 个以上单倍型，呈现出单倍型的多态性。

其中：地理分布范围最广、分布居群数量最多的为单倍型 Hap1，分布在新疆、青海、甘肃、重庆、贵州、湖南、广西、江西、内蒙古、河南、黑龙江、山东、辽宁、江苏、吉林、湖北、河北、广东共 18 个省（区、市）的 88 个居群中，被 1095 个个体共享。

地理分布范围、分布居群数量其次的是单倍型 Hap6，主要分布在河南、湖北、湖南、贵州、陕西 5 个省 7 个居群的 53 个个体中。

（二）单倍型网状进化树

将青蒿的 17 个单倍型（Hap1-17）和外类群白花蒿的 1 个单倍型（Hap18）用 Network 软件构建单倍型网状进化树，结果如图 6-14 所示。

由图 6-14 可以看出，在单倍型网状进化树中，白花蒿的 1 个单倍型和青蒿的 17 个单倍型很好的区分开，并且没有共同的单倍型。表明这两个种之间具有明显的遗传分化，种间没有杂交和基因渗透。与外类群白花蒿单倍型分化最小的是单倍型 Hap10，为祖先单倍型，而其他单倍型都是由单倍型 Hap10 衍生分化而来。

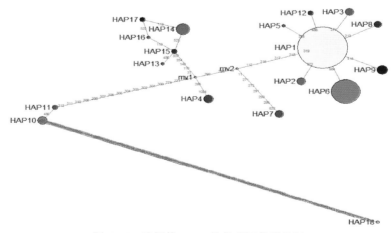

图 6-14　叶绿体 DNA 单倍型网状进化树

由图6-14可以看出：在单倍型网状进化树中，单倍型Hap10经过一次突变形成单倍型Hap11。

单倍型Hap11在进化过程中，形成4个分支。首先经过21步突变形成多样性最高的分支1：由单倍型Hap13、14、15、16、17组成；经过18步突变形成分支2：仅有一个单倍型Hap4；分支1和分支2的交叉点mv1再经过3步突变形成mv2，mv2分别经过8步突变形成分支3（仅有一个单倍型Hap7）和5步突变形成分支4：由单倍型Hap1和7个从Hap1经一步突变的7个单倍型Hap2、3、5、6、8、9、12组成。

单倍型Hap1和Hap6为广谱单倍型，较进化，单倍型Hap1为1095个个体所共享，单倍型Hap6为53个个体所共享。

（三）单倍型的地理分布

应用ArcMap软件构建17个叶绿体单倍型的地理分布图（图6-15），结果表明，野生青蒿叶绿体单倍型的地理分布具有明显的谱系地理结构。最原始的单倍型Hap10和次原始的单倍型Hap11分布在甘肃兰州；多样性最高的分支1的单倍型Hap13也分布在甘肃兰州，该分支的其他单倍型Hap14、15、16、17分布在毗邻的甘肃天水；另外较为进化的广谱单倍型Hap1和由它仅一步突变的单倍型Hap12在甘肃兰州也均有分布。这些结果表明甘肃兰州至天水这一地区为青蒿的起源中心和多样化中心。

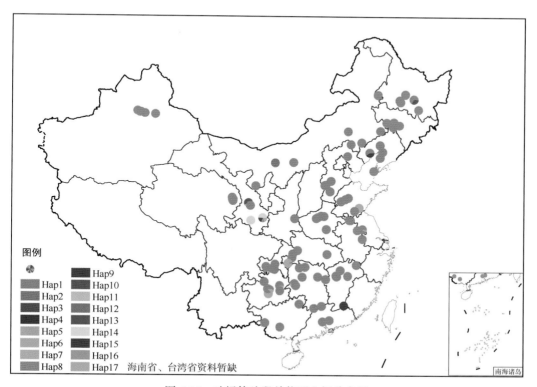

图6-15　叶绿体片段单倍型空间分布图

较进化的最广谱单倍型Hap1分布在除陕西以外的其他18个省，由单倍型Hap1经一步突变的次广谱单倍型 Hap6 分布在陕西、河南、湖南、湖北、贵州，其他由单倍型 Hap1 经一步突变的单倍型 Hap2、3、5、8、9、12 为稀有单倍型，散布在内蒙古、黑龙江、江苏、广东等地；独立进化的分支 2 的单倍型 Hap4 和分支 3 的单倍型 Hap7 分别为辽宁和湖南、贵州所特有。

（四）遗传距离与地理距离的相关性分析

遗传距离（Nei's 1983 distance）与地理距离（km）相关性分析的结果表明野生青蒿遗传距离与地理距离没有相关性（图 6-16）。

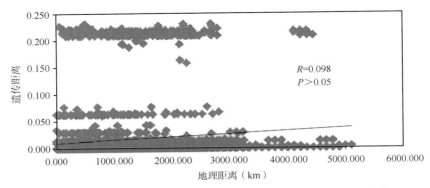

图 6-16　94 个青蒿野生居群成对遗传距离和地理距离的相关性分析

三、青蒿遗传资源保护策略

单倍型的网状进化树和地理分布规律研究的结果表明，甘肃兰州至天水地区是青蒿的起源中心和多样化中心，分布了古老的单倍型 Hap10、11，同时也有最新进化的广谱单倍型 Hap1、6，并包含了多样性最高的进化分支 1 的所有单倍型，因此，该地区是青蒿遗传资源保护的重点地区，保护好这一地区青蒿的遗传多样性就保存了青蒿大部分的遗传多样性。

另外，具有独立进化分支单倍型的辽宁、湖南、贵州为特有单倍型所在地，在进化上具有重要价值，也是保护的重点地区。

综上所述，甘肃兰州至天水地区、辽宁、湖南、贵州野生青蒿的有效保护就基本上保存了青蒿遗传多样性的完整性。

第四节　青蒿生产基地和青蒿素需求分布

由于我国是青蒿原研国，同时在青蒿原料资源上具有得天独厚的优势，因此青蒿素的生产厂家主要集中在国内。据不完全统计，有几十家规模不等的企业在进行青蒿素的生产，年产青蒿素在 200 吨左右。2020 年以前，产能规模较大的企业分布情况见图 6-17。

一、青蒿生产基地空间分布情况

作为目前国内外最大的生产基地，广西壮族自治区柳州市融安县每年为整个市场贡献了50吨以上的产量。据不完全统计，青蒿素全球的需求量每年也只有220～240吨左右。仅广西融安县、重庆西阳两地的产量之和就占了将近3/4。中国已成为全球最大的青蒿素原料供应方，部分青蒿种植基地如图6-17所示。

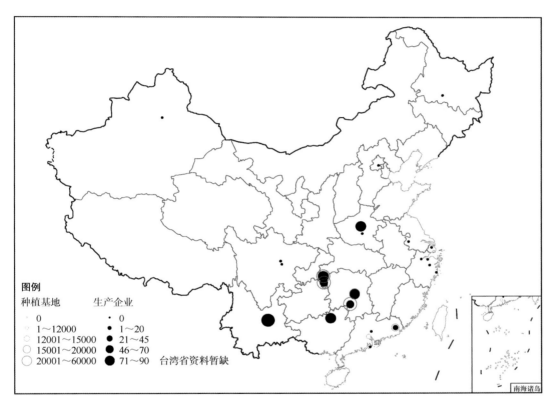

图 6-17　青蒿种植基地和生产企业分布

青蒿素生产方法主要有两种，一是从青蒿原植物中提取，一是通过化工合成。采用化工合成法的生产企业主要集中在美国，但由于成本较高，随着全球青蒿素价格的波动，每年的产能较少。从青蒿原植物中提取青蒿素的工业生产企业，主要集中在中国与东南亚地区，占全球的绝大部分。

中国的企业现阶段进行青蒿素的工业生产，主要采用植物提取的方式生产青蒿素。从青蒿植物中提取青蒿素的比例在6‰～8‰左右（1吨青蒿可提取6～8kg青蒿素），尚有大部分原料资源未得到有效利用，资源利用率低是阻碍行业发展的重要制约因素。部分青蒿素生产企业分布及产能如图6-17所示。

二、世界各地疟疾分布及青蒿素需求情况分析

（一）世界各地疟疾分布

2006 年，英国维康基金会和一些研究机构发起了"疟疾地图计划"（The Malaria Atlas Project，简称 MAP）。MAP 由肯尼亚内罗毕地理医学中心的疟疾公卫流行病学组（Malaria Public Health and Epidemiology Group，Centre for Geographic Medicine，Nairobi，Kenya）与英国牛津大学空间环境流行病学组（Spatial Ecology and Epidemiology Group，University of Oxford，UK）合作，在美洲与亚太地区也有合作点。

MAP 的主要目标是详细画出全球疟疾（恶性疟与间日疟）的分布情况，并在疟疾分布区域中提供疾病流行的资讯。希望能描述、模拟并预测患有疟疾及有高风险的危险人群，以提供更新且可靠的资料，以评估当前与未来的疟疾趋势。意于将疟疾带虫率（parasite rate，简称 PR）的资料经授权发布于大众。

2008 年肯尼亚学者 Carlos A. Guerra 等 [104] 利用各个国家报告的疟疾病例发生率数据和流行病学方法，收集了 4278 个空间上独特的疟疾数量，绘制并公布了一份详细的疟疾全球分布图。研究结果显示：2007 年有 23.7 亿人生活在有恶性疟原虫传播风险的地区；全球有近 10 亿人生活在不稳定或极低的疟疾风险地区。几乎所有恶性疟原虫感染率在50% 以上的区域集中在非洲，与"冈比亚按蚊"分布在同一纬度带内。在非洲以外的地区，疟疾的发病率基本不到 10%，中位数低于 5%。

MAP 网站（https://malariaatlas.org）发布了恶性疟的最新全球疟疾地图供大众使用（图 6-18），并将地区划分为无危险（no risk）区，不稳定危险（unstable risk）区与稳定危险（stable risk）区。还公布了世界各地疟疾（恶性疟与间日疟）发生率、死亡率、死亡人数，感染率等方面的数据资料。

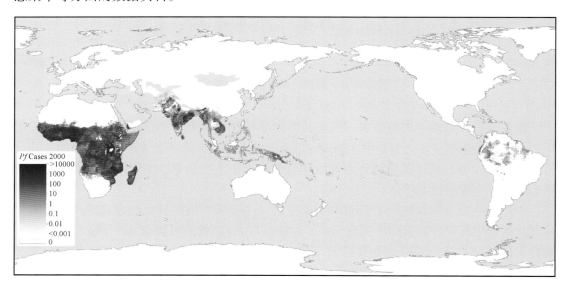

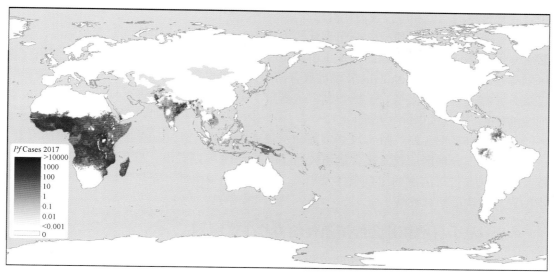

图 6-18　2000 年和 2017 年世界各地疟疾发生率

（二）青蒿素的市场需求

受下游制药产业发展和市场需求的影响，我国青蒿素工业以出口为主，欧洲、美洲、非洲及印度地区是我国青蒿素的主要市场。

根据统计数据显示 2012 ～ 2016 年，全球疟疾病例数、发病率呈下降趋势，世界各地对青蒿素及青蒿原料的需求趋于稳定。随着 2016 年非洲博茨瓦纳等地疟疾流行，感染疟疾的病例数增加，市场对抗疟疾药物需求量上升，青蒿素价格也随之增长，社会对青蒿原料的需求也随之增长。

国内青蒿种植主要作为提取青蒿素的原料，随着人工种植青蒿和工业提取青蒿素技术水平的提升，青蒿中青蒿素含量和产量大大提高，国内企业的产量和产能增长较为迅速。

第五节　中国青蒿生产区划

一、基于截疟的青蒿生产区划

（一）基于主要自然条件的青蒿生产区划

由图 5-11 可以看出，宏观整体上土壤、植被和气候等自然生态环境因素对青蒿素含量的影响较大。

由表 5-2 可知，生长在草丛、阔叶林、其他、栽培植被等植被类型上的青蒿，青蒿中青蒿素含量的均值和中位数均相对较高。

由表 5-3 可知，生长在潜育土、人为土、灰色土、黑土、火山灰土、低活性淋溶土、栗钙土、疏松岩性土、冲积土、雏形土等土壤类型上的青蒿，青蒿中青蒿素含量的均值和中位数均相对较高。

由表 5-4 可知，分布在北亚热带、中亚热带和南亚热带 3 个亚热带地区的青蒿，青蒿中青蒿素含量的均值和中位数均相对较高。

　　根据第一章的文献研究，分布于陡峭山坡内的青蒿，青蒿中青蒿素含量最高，青蒿素含量明显高于生长在平地的。基于中国范围各地植被类型、土壤类型、气候带和行政区划等基础数据，应用 ArcGIS 分别提取青蒿中青蒿素含量的均值和中位数均相对较高的区域，并将基于植被类型、土壤类型、气候带 3 类数据进行青蒿素含量估算分档结果空间叠加计算，结果如图 6-19 所示。

　　由图 5-16、图 5-21、图 5-27 可以看出：仅考虑植被类型、土壤类型、气候带的因素，中国南部大部分地区的青蒿素含量均较高。由图 6-19 可以看出，综合考虑植被类型、土壤类型、气候带等因素的组合条件及影响，分布在中国南部、亚热带地区的青蒿，青蒿中的青蒿素含量相对较高。

（二）基于自然和社会经济条件的青蒿生产区划

　　在上述分析的基础上，剔除城市建成区和村落、水系、交通等不能用于青蒿种植的土地利用类型，得到适宜青蒿种植的区域，结果如图 6-19 所示。

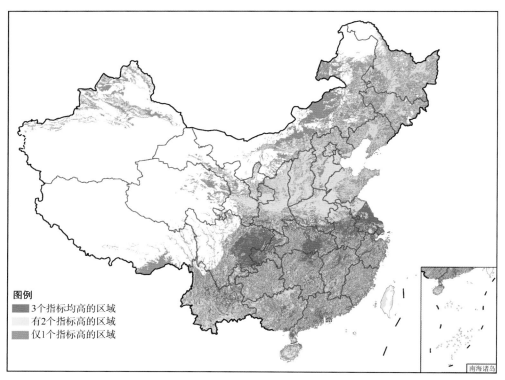

图例
■ 3个指标均高的区域
□ 有2个指标高的区域
▨ 仅1个指标高的区域

图 6-19　综合条件下青蒿素含量相对较高的区域

二、基于解暑热的青蒿生产区划

（一）基于主要自然条件的生产区划

　　由表 5-6 可知，生长在草丛、阔叶林、其他、栽培植被等植被类型上的青蒿，青蒿中青蒿乙素含量的均值和中位数均相对较高。

由表 5-7 可知，生长在火山灰土、冲积土、雏形土、薄层土等土壤类型上的青蒿，青蒿中青蒿乙素含量的均值和中位数均相对较高。

由表 5-8 可知，分布在中温带、南温带、北亚热带 3 个气候带的青蒿，青蒿中青蒿乙素含量的均值和中位数均相对较高。

基于中国范围各地植被类型、土壤类型、气候带和行政区划等基础数据，应用 ArcGIS 分别提取青蒿中青蒿乙素含量的均值和中位数均相对较高的区域，并将植被类型、土壤类型、气候带 3 类数据进行空间叠加计算，结果如图 6-20 所示。

由图 5-59、图 5-64、图 5-69 可以看出：仅考虑植被类型、土壤类型、气候带的因素，中国南部大部分地区的青蒿乙素含量均较高。由图 6-20 可以看出，综合考虑植被类型、土壤类型、气候带等因素的组合条件及影响，分布在中国南部亚热带地区的青蒿，青蒿中的青蒿乙素含量相对较高。

（二）基于自然和社会经济条件的生产区划

在上述分析的基础上，剔除城市建成区和村落、水系、交通等不能用于青蒿种植的土地利用类型，得到适宜青蒿种植的区域，结果如图 6-20 所示。

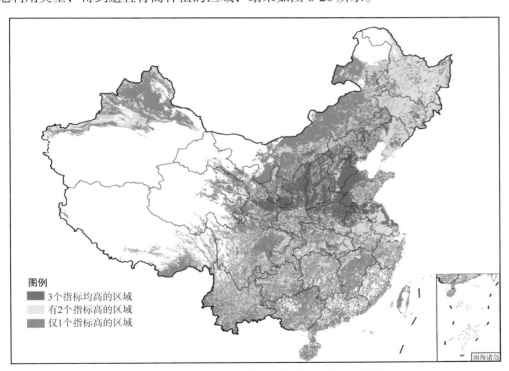

图 6-20　综合条件下青蒿乙素含量相对较高的区域

三、青蒿不同产区的生态环境特征

综合考虑植被类型、土壤类型、气候带等因素的组合条件对青蒿素含量和青蒿乙素含量的影响，基于图 6-19、图 6-20，通过生态环境数据库，利用 ArcGIS 软件，提取 3 个指标均高、2 个指标均高的区域内的植被类型、土壤类型、海拔高度，年均温度、年均降水量、年均日照时数、年均湿度，太阳辐射信息，结果如表 6-4、表 6-5 所示。

表 6-4　青蒿素生产区域的主要环境因素及范围

主要环境因素	3 个指标均高的区域			2 个指标均高的区域		
	最大值	最小值	均值	最大值	最小值	均值
年均温度	23.867	8.252	15.865	24.383	−1.309	12.802
年均降水量	2774.3	477.08	1200.63	2836.6	53.97	962.9
年均日照时数	2190.1	783.50	1392.02	2176.65	783.50	1690.37
年均湿度	89	51	76.601	89	34	70.306
太阳辐射	53551	26182	35793	60449	26068	38740
海拔高度	4462	−5	510.485	5109	−51	640.805
植被类型	针叶林、栽培植被、阔叶林、灌丛、草丛、草甸、沼泽、其他			针叶林、栽培植被、阔叶林、灌丛、草丛、草甸、沼泽、其他		
土壤类型	黏绨土、黏磐土、盐土、铁铝土、疏松岩性土、人为土、潜育土、火山灰土、高活性强酸土、高活性淋溶土、低活性强酸土、雏形土、薄层土、冲积土			黏绨土、黏磐土、盐土、铁铝土、疏松岩性土、人为土、潜育土、栗钙土、碱土、火山灰土、灰色土、灰壤、黑土、黑钙土、高活性强酸土、高活性淋溶土、低活性强酸土、雏形土、冲积土、变性土、薄层土		

表 6-5　青蒿乙素生产区域的主要环境因素及范围

主要环境因素	3 个指标均高的区域			2 个指标均高的区域		
	最大值	最小值	均值	最大值	最小值	均值
年均温度	17.4	−1.7	10.1	24.4	−2.9	8.9
年均降水量	1925.9	23.5	629.0	2278.9	21.4	66.7
年均日照时数	2721.5	1012.2	1982.6	2859.5	790.5	1981.3
年均湿度	81.0	40.0	63.7	88.0	35.0	64.9
太阳辐射	51674	30055	41176	61916	26183	40589
海拔高度	4188.0	−2.0	624.9	5127.0	−51.0	670.7
植被类型	针叶林、栽培植被、阔叶林、灌丛、荒漠、草原、草丛、草甸、沼泽、其他			针叶林、栽培植被、阔叶林、灌丛、荒漠、草原、草丛、草甸、沼泽、其他		
土壤类型	黏磐土、有机土、盐土、疏松岩性土、砂性土、人为土、潜育土、栗钙土、碱土、火山灰土、灰色土、灰壤、黑土、黑钙土、高活性强酸土、高活性淋溶土、钙积土、低活性强酸土、雏形土、冲积土、变性土、薄层土			黏绨土、黏磐土、有机土、盐土、疏松岩性土、砂性土、人为土、潜育土、栗钙土、碱土、火山灰土、灰色土、灰壤、黑土、黑钙土、高活性强酸土、高活性淋溶土、钙积土、低活性强酸土、低活性淋溶土、雏形土、冲积土、变性土、薄层土		

随着国民经济迅速发展和人们对身体健康需求的提升，医疗、保健等方面对中药材的需求量猛增。中药材生产相关活动的开展，需要把具体事情落实到地理空间上，进行中药区划研究可以辅助确定具体空间范围，指导中药资源保护利用相关基地、保护区和示范区具体位置的选址和空间布局。针对单品开展区划研究，需要用到地理学和统计学等交叉学科的基础理论和技术方法。

本章简要介绍，《中国青蒿区划》中用到的部分基础理论和技术方法，主要包括：空间统计分析、地理探测器、R 语言等。以便于中药学领域相关学者更容易读懂相关章节中的图表和方法。

第一节　空间分析简介

空间分析是指用于分析地理事件的一系列方法，其分析结果依赖于事件的空间分布。地理对象的空间分布特征主要表现为两个方面：空间异质性与空间自相关性。

一、空间异质性

地域分异规律也称空间地理规律，是指自然地理环境整体及其组成要素在某个确定方向上保持特征的相对一致性，而在另一确定方向上表现出差异性，而发生更替的规律。地域分异规律是自然地理环境各组成成分及其构成的自然综合体在地表沿一定方向分异或分布的规律性现象，揭示了自然地理系统的整体性和差异性及其形成原因与本质，是自然界最普遍的特征之一。

影响地域分异的基本因素有两个[105]：一是因太阳辐射按纬度分布引起的纬度地带性，即纬度地带性因素，简称地带性因素；二是地球内能大地构造和大地形引起的，这种分异因素称为非纬度地带性因素，简称非地带性因素。地带性和非地带性是两种基本的地域分异规律，它们控制和反映自然地理环境的大尺度分异，同时也是其他地域分异规律的背景。关于地域分异规律的类型，一般分为地带性规律和非地带性规律两类。也有的分为地带性、非地带性、派生性、地方性和局地分异规律。派生性分异规律是在地带性规律和非地带性规律的共同作用下，产生的地域分异规律。局部地域分异，是在两种基本地域分异因素作用下，发生的局部中小尺度分异。地方性分异，是地形、地面组成物质以及地下水埋深不同引起的分异规律。在各类分异因素和局部的分异因素的共同作用下，自然地理环境分化为多级镶嵌的物质系统，形成了多姿多彩的自然景观。

空间异质性指生态学过程和格局在空间分布上的不均匀性、复杂性，包括空间局域异质性和空间分层异质性。前者是指该点属性值与周围不同，例如热点或冷点；后者是指多个区域之间互相不同，例如分类和生态分区。从理论上讲，凡具有比较稳定的地域分异现象的事物，都可以进行区域划分。

二、空间自相关

空间自相关是指一些变量在同一个分布区内的观测数据之间潜在的相互依赖性。空间自相关是研究地理空间中各空间单元之间相关的分析方法，空间相关性与空间异质性是生态学与地理学的两大重要特征，其中空间相关性表示相近地理单元属性特征表现为正向相近的或负向相近的特征。通过空间自相关，可对目标区域进行分区，可以使子区域具有均质性的优点，进而进行区域规划、制定区域政策，以及开展区域经济增长研究和建模等。均质区域是指由具有相似的区域属性、且地理邻近的一组区域。将目标区域划分成多组均质区域，来识别或者修正区域包含的单元。Tobler 曾指出"地理学第一定律：任何东西与别的东西之间都是相关的，但近处的东西比远处的东西相关性更强"[106]。即距离越近的空间单元越相似，距离越远的空间单元越不相似。空间自相关的意义在于，解释和寻找潜在的空间聚集性或"焦点区域"。空间自相关的类型包括全局自相关和局部自相关两类。

（一）全局空间自相关

全局空间自相关是对研究对象在整个区域上空间分布特征的描述，反映了观测变量在整个研究区域内空间相关性的整体趋势。全局空间自相关程度可用 Moran's I 系数、C 指数等来衡量，是对整个研究区域、全局范围的一个统计量。用于全局空间自相关分析的空间数据类型，可以是点状数据或面状数据。Moran's I 系数，即空间自相关系数（I 指数），反映空间邻近区域单元属性值的相似程度，用于发现空间分布模式。

Moran's I 系数，取值范围在 [-1，1] 之间，能反映区域之间观测值相似（正关联）或非相似（负正关联）。可以用标准化后的 Moran's I 系数（标准化统计量 Z），来检验 n 个区域间是否存在自相关关系。当 $Z > 0$，代表观测值在空间分布上呈正相关性；当 $Z > 0$ 且显著，表示相似的观测值趋于空间集聚，空间上呈聚集分布；数值越大表明正的空间相关性越强，聚集程度越强。当 $Z < 0$，代表观测值在空间分布上呈负相关性；当 $Z < 0$ 且显著，表示相似的观测值趋于分散，空间上呈离散分布；数值越小表明负的空间相关性越强，离散程度越强。当 $Z=0$（或当 Z 接近 0 时），代表观测值在空间分布上不具有相关性，空间上呈随机分布。

（二）局部空间自相关

局部空间关联指标（LISA），LISA 指数是描述该区域单元与周围之间有显著相似值区域单元聚集程度的指标。LISA 指数是全局空间自相关指数的分解形式，反映局部空间相关性的显著性水平。LISA 并不是指某一个统计量，所有同时满足："每一个观测值的 LISA 表示该值周围相似观测值在空间上的聚集程度"、"所有观测值的 LISA 之和与全局空间关联度量指标之间成比例"的统计量，都可以认为是局部空间关联指标。

I 指数能很好地描述全局空间相关性（即能辨别出相邻数据的异同），但是不能识别出不同类型的空间聚集模式，分辨不出是高值聚集还是低值聚集。由于空间异质性的存在，通常整个研究区域内有不同的空间相关关系。局部空间自相关主要用来测量每个区域和邻近区域之间的空间自相关程度，还能分辨出是高值聚集还是低值聚集。局部空间自相关分析能够有效检测出由于空间自相关引起的空间差异，判别空间对象属性取值的空间热点区域或高发区域，弥补全局空间自相关分析的不足。局部空间自相关，一般用 LISA 指数、G 指数等指标表示。

LISA 指数是 I 指数的局部化，是任意空间自相关结果，可用于具体度量每个区域与周边区域之间的局部空间关联和空间差异程度。LISA 指数的主要用途：可以识别属性要素高值或低值的空间聚类情况，识别局部的非平稳性（识别空间异常值）。

Getis 和 Ord（1992 年）提出了度量每一个观察值与周围邻居之间是否存在局部空间关联的 G 统计量（G 指数）。G 统计量（G 指数）是某一给定距离范围内邻居位置的观测值之和，与所有位置上的观测值之和的比值，能识别某一位置和周围邻居之间是高值集聚还是低值集聚。G 指数，主要用于进行空间局部相关性分析，研究空间数据的局域空间关联情况。取值范围在 [0，2] 之间。G 指数值 > 1 表示负相关；G 指数值 $=1$ 表示不相关；G 指数值 < 1 表示正相关。

可以用标准化统计量 Z 来检验 n 个区域间是否存在自相关关系。如果 Z 为正且显著，表明该位置周围值也较高，属于高值空间集聚（热点区）；如果 Z 为负且显著，表明该位置周围值也较低，属于低值空间集聚（冷点区）。与 I 指数相比，G 指数除了反映区域之间观测值（正关联）相似或非相似（负关联），还能反映区域单元属于高值聚集、还是低值聚集。

三、空间关联关系的可视化

（一）Moran 散点图

在格网数据的可视化过程中，空间权重矩阵和空间滞后（spatial lag）是两个非常重要的概念。空间权重矩阵中，第 i 行的非 0 元素，定义了该空间单元的所有邻居；第 i 行所有邻居的观测值进行加权平均，即得到变量在位置 i 上的空间滞后。通过饼状图、柱状图或散点图等形式，将每个位置上的观测值和其空间滞后之间的关系，表示在地图上，便可进行空间关联关系的可视化。

散点图是数据分析中表示 2 个变量之间关系的常用方法，表示一个变量的空间自相关关系，可以采用 Moran 散点图。Moran 散点图，横坐标表示某个位置上的观测值，纵坐标表示该位置的空间滞后。空间变量的观测值和其空间滞后之间的拟合程度（直线的斜率），即 I 指数。Moran 散点图可以用来探索空间关联的全局模式、识别空间异常和局部不平稳性等。

　　Moran 散点图的 4 个象限，分别对应区域单元与邻居单元之间的 4 种局部空间联系形式。第一象限（H-H）：观测值大于均值，空间滞后大于均值；代表具有高观测值的区域单元，被具有高观测值的区域单元包围。第二象限（L-H）：观测值小于均值，空间滞后大于均值；代表具有低观测值的区域单元，被具有高观测值的区域单元包围。第三象限（L-L）：观测值小于均值，空间滞后小于均值；代表具有低观测值的区域单元，被具有低观测值的区域单元包围。第四象限（H-L）：观测值大于均值，空间滞后小于均值；代表具有高观测值的区域单元，被具有低观测值的区域单元包围。

　　第一象限（H-H）和第三象限（L-L），对应正的空间自相关，表示该位置上的观测值和周围邻居的观测值相似；其中，第一象限（H-H）为高 - 高相似，第三象限（L-L）为低 - 低相似。第一象限和第三象限，分别对应 G 指数中的正的空间关联（高 - 高）和负的空间关联（低 - 低）。观察第一象限和第三象限点的相对密度，可以了解全局空间关联模式是由高值之间的关联决定、还是由低值之间的关联决定的。

　　第二象限（L-H）和第四象限（H-L），对应负的空间自相关，表示该位置上的观测值和周围邻居的观测值相异；其中，第二象限（L-H）为低 - 高相异，第四象限（H-L）为高 - 低相异。观察第二象限和第四象限点的相对密度，可以了解哪种形式的负空间关联模式占主导地位。

　　此外，观察 Moran 散点图的第二象限和第三象限，可以发现潜在的空间异常。以 Moran 散点图的原点，做一个半径为"2"的圆，可以认为圆以外的观点都是异常值。

　　与 G 指数相比，Moran 散点图能进一步反映区域单元与其邻居区域单元之间是高值和高值、高值和低值、低值和高值、低值和低值 4 种空间联系形式中的哪一种类型。基于 Moran 散点图，可以识别出空间分布中存在哪几种不同的实体特性。

（二）趋势面分析

　　趋势面分析是利用数学曲面模拟地理系统要素在空间上的分布及变化趋势的一种数学方法，模拟地理要素在空间上的分布规律，展示地理要素地域空间上的变化趋势。趋势面分析常被用来模拟资源、人口及经济要素等在空间上的分布规律，在空间分析方面有重要的应用价值。一般趋势面分析结果，x 轴表示东西方向上的变化趋势，y 轴表示南北方向上的变化趋势。

（三）空间插值简介

　　克里格插值（Kriging）又称空间局部插值法，是地理统计学的主要内容之一。克里格插值以变异函数理论和结构分析为基础，是根据未知样点区域内有限邻域内的若干已知样本点数据，在考虑了样本点的形状、大小和空间方位与未知样本点相互关系，以及变异函数提供的结构信息之后，对未知样点进行的线性无偏最优估计。克里格法是建立在变异函数和结构分析基础之上的。当对几个点作预测时，希望几个点的预测值高于真值，而另外一些点的值预测值低于真值。平均起来，预测值和真值的差应该为 0，也就是作无偏估计。

第二节　R 语言简介

一、R 语 言

R 是用于统计分析、绘图的语言和操作环境，是一个自由、免费、源代码开放的软件，可用于数据处理、统计计算和统计制图等。R 提供了一些集成的统计工具，各种数学计算、统计计算的函数，使用者能灵活机动地进行数据分析，创造出符合需要的新的统计计算方法。

R 语言环境使得经典和现代统计技术在其中得到融合应用，一部分统计方法已经建在基本的 R 语言环境中，更多的是以包的形式提供。R 语言的使用，很大程度上是借助各种各样的 R 包的辅助应用。R 包是针对 R 的插件，不同的插件满足不同的需求。R 及相关包可以通过 CRAN 的成员网站获得，CRAN 已经收录了各类 R 包 4000 多个。可用于经济计量、财经分析、人文科学研究以及人工智能等方面的分析。

本节仅对进行青蒿区划研究中用到的包和结果图进行简要介绍，详细具体的内容，请参照其他专业书籍。

二、R 语言结果图

（一）相关图

采用 R 语言中的 corrgram 包，可以绘制相关图。

以图 7-1 为例：相关图的左下角的单元格，在主对角线下方的单元格，展示的信息为：蓝色的和从左下指向右上的斜杠表示单元格中的两个变量呈正相关，斜率为正。红色的和从右上斜下的斜杠表示单元格的两个变量呈负相关，斜率为负。色彩越深，饱和度越高，说明变量相关性越大。相关性接近于 0 的单元格基本无色。

右上角的饼图，展示的信息与左下角的相同：相关性大小由被填充的饼图块的大小来展示。正相关性从 12 点钟开始顺时针填充饼图。负相关性从 12 点钟开始逆时针填充饼图。

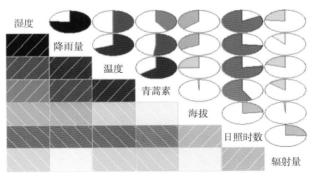

图 7-1　相关系数图读图说明

（二）小提琴图

利用 R 语言中的 ggplot2 包，可以绘制小提琴图。小提琴图，结合了箱线图和密度图的特征，可用来显示数据的分布形状。

图 7-2：绿色方框中间的黑色横向表示中位数，下方的黑色横向表示 1/4 分位数，上方的黑色横向表示 3/4 分位数。中位数上、下的绿色区域表示四分位数范围，从其延伸的细黑线代表 95% 置信区间。

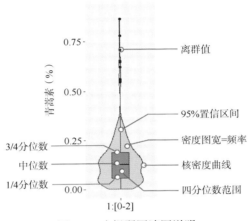

图 7-2　小提琴图读图说明

（三）箱线散点地毯图

利用 R 语言中的 ggplot2 工具包，可以绘制箱线散点地毯图。箱线散点地毯图，结合了箱线图和散点图的特征，可用来显示数据的分布形状。

图 7-3：蓝色箱子中间的黑色横向表示中位数，下方的黑色横向表示 1/4 分位数，上方的黑色横向表示 3/4 分位数。中位数横向延伸出来的缺口代表凹槽，蓝色箱子延伸的细黑线代表须，分布的绿色点代表坐标点。

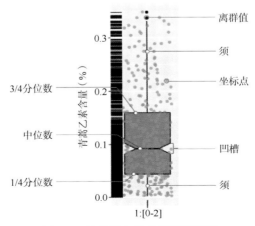

图 7-3　箱线散点地毯图读图说明

（四）带置信区间的组均值图

利用 R 语言中的 gplots 工具包，可以绘制带有置信区间的组均值图形。图形展示了带有 95% 的置信区间的各组均值，显示了它们之间的差异。

图 7-4：具有上下两端短横杠的蓝色线条代表 95% 置信区间，上端代表 95% 置信区间的上限，下端代表 95% 置信区间的下限，中间黑色圆圈代表均值。

（五）Tukey HSD 均值成对比较图

利用 R 语言中的 gplots 工具包，采用 Tukey HSD 函数可以绘制成对比较图形，可以显示不同组别之间的差异。

图 7-5：黑色横线代表 95% 置信区间，中间代表两组类别的差异平均值，左右两端分别代表两组类别 95% 置信区间差异的上下限。图形中置信区间包含 "0" 的组别说明差异不显著，不包含 "0" 的组别则说明差异显著。

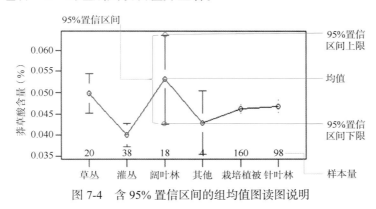

图 7-4　含 95% 置信区间的组均值图读图说明

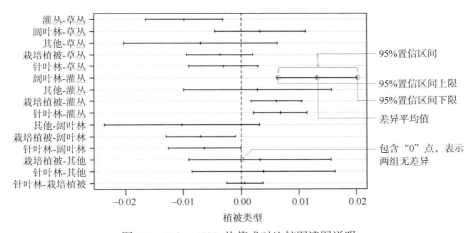

图 7-5　Tukey HSD 均值成对比较图读图说明

（六）马赛克图（Mosaic Plot）

利用 R 语言中 vcd 包中的 mosaic 函数可以绘制马赛克图形，能够很好地展示出 3 个分类型变量的关系，它也可以定义为用图像的方式展示分类型数据。

马赛克图 7-6 中，共有 3 个分类型变量，嵌套矩阵面积正比于单元格频率，其中该频率即多维列联表中的频率。颜色和阴影可表示拟合模型的残插值。在本例中，蓝色阴影表明，在模型独立的条件下，该类别下的青蒿乙素含量通常超过预期值；红色阴影则含义相反。

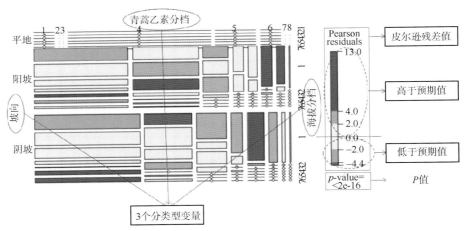

图 7-6　马赛克图读图说明

第三节　其他技术方法简介

一、谱系地理学

谱系地理学（Phylogeography）是 Avise 在 1987 年首次提出来的新概念，又被称为分子系统地理学或亲缘地理学，是利用基因谱系和地理资料来推断居群进化的历史过程。谱系地理学主要研究物种在时间和空间的演化过程，为诠释因基因交流引发的群体遗传变异和空间分布格局提供了新方法[107, 108]。

谱系地理学是历史生物地理学的一个新分支，融入了系统发育生物学、分子生物学、统计学、遗传学、古历史学和古地理学等学科的内容，对于阐明物种的形成与推测物种分布范围内变迁的动态过程具有重要的意义。被认为是研究种及种上水平宏观进化（macroevolution）与种内水平微观进化（microevolution）之间的桥梁[109]。

谱系地理学研究目的主要是寻找研究生物在冰期避难所和间冰期的迁移路线。冰期（glacial epoch），是指具备强烈冰川作用的地质历史时期。历史上气候严寒的时期称之为冰期，较暖的时期称之为间冰期（interglacial epoch）。在地球历史上，曾发生过三次大规模的冰期：震旦纪大冰期、晚古生代大冰期和第四纪大冰期。生物避难所（biological refuge）是动植物在冰期为了躲避恶劣天气而迁徙到相对集中的地点，此地点可以是被隔离的几个居群，也可以是单个居群的隔离区域[110]。

第四纪以来由于冰期 - 间冰期的反复交替，导致生物的分布区域产生了两种结果。

一种是有些物种无法适应而灭绝，另一种是有些物种暂时退却到少数气候条件更有利的地区即避难所而得以生存下来。在间冰期，随着冰川的融解和温度的回升再从避难所大范围的重新回迁或者扩散，处于冰期避难所的种群会保存较高的遗传多样性。第四纪冰期引起的气候效应是全球性的，不同的生物物种对它的反应有所不同，正常情况下，物种在冰期到来时会向低海拔和低纬度地域迁徙，而在间冰期时会向高海拔和高纬度地域迁徙。

在我国因为有复杂的地形条件，而且存在很多东西走向的大山，减弱了冰期时期气候对生物的影响，因而我国存在许多冰期避难所。

二、Maxent 模型

生态位模型是基于可获取有限的物种分布点位信息及其所关联的环境信息，判断物种生态需求，并将结果反映在不同的时间和空间中，用来预测物种潜在的分布范围。生态位模型中常用的是最大熵模型，信息熵是对信息的度量，熵可以解释为不确定性。信息增加，熵减少。S. J. Phillips 等，基于生态位理论，考虑气候、海拔、植被等环境因子，用最大熵原理作为统计推断工具，构建了最大熵模型或 Maxent 模型。

Maxent 模型是基于生态位原理建立的在现在研究中常用的生态位模型，以物种在已知分布区的信息以及目标区的环境变量为基础，通过比较该物种在已知分布区的生态环境变量来确定其占有的生态位，通过数学模型模拟该物种的适生性，再对目标区域其他栅格点的环境数据进行计算，得出该栅格点物种存在的概率值，判断所预测物种是否有分布，再投影到地理空间中，预测物种的潜在空间分布情况。

三、增强回归树模型

增强回归树[111]（boosted regression tress，BRT）是基于分类回归树算法（CART）的一种自学习方法，该方法通过随机选择和自学习方法产生多重回归树，能够提高模型的稳定性和预测精度。在运算过程中多次随机抽取一定量的数据，分析自变量对因变量的影响程度，剩余数据用来对拟合结果进行检验，最后对生成的多重回归取均值并输出。分类回归树在物种分布模拟和土地利用分类等研究中，都取得了较好的结果。BRT 方法提高了计算结果的稳定性和精度，可得出自变量对因变量的影响载荷，以及其他自变量取均值或不变的情况下，该自变量与因变量的相互关系。

四、地理探测器

地理探测器[112, 113, 114]的核心思想是，如果某个自变量对因变量有重要影响，那么自变量和因变量的空间分布应该具有相似性。地理探测器的优势：地理探测器既可以分析数值型数据，也可以分析定性数据，分析定性数据（类型量）分析是地理探测器的一个优势。而对于比值量或间隔量，只要进行适当的离散化，也可以利用地理探测器对其进行统计分析。探测两因子交互作用对于因变量的影响，是地理探测器的另一个独特优势。地理探测器通过分析各单因子 q 值及两因子交互后的 q 值，可以判断两因子交互作用的强弱、方向、非线性等特征。两因子交互既包括相乘性关系，也包括其他各种关系。

地理探测器已被运用于从自然到社会十分广泛的领域；其研究区域小到一个乡镇尺度，大到国家尺度都适用。地理探测器 q 值具有明确的物理含义，没有线性假设，客观地探测出自变量解释了 $100 \times q\%$ 的因变量。在这些应用中，地理探测器主要用来分析各种现象的影响因子和驱动力，以及多因子交互作用。

（一）分异及因子探测

探测 Y 的空间分异性；以及探测某因子 X 多大程度上解释了属性 Y 的空间分异。用 q 值度量表达，q 的值域为 [0，1]，值越大说明 Y 的空间分异性越明显；如果分层是由自变量 X 生成的，则 q 值越大表示自变量 X 对属性 Y 的解释力越强，反之则越弱。极端情况下，q 值为 1 表明因子 X 完全控制了 Y 的空间分布，q 值为 0 则表明因子 X 与 Y 没有任何关系，q 值表示 X 解释了 $100 \times q\%$ 的 Y。

（二）交互作用探测

识别不同因子 X_s 之间的交互作用，同时可用于评估因子 X_1 和 X_2 共同作用时是否会增加或减弱对因变量 Y 的解释力，或这些因子对 Y 的影响是相互独立的。评估的方法是首先分别计算两种因子 X_1 和 X_2 对 Y 的 q 值：$q(X_1)$ 和 $q(X_2)$，并且计算它们交互时的 q 值：$q(X_1 \cap X_2)$，并对 $q(X_1)$、$q(X_2)$ 与 $q(X_1 \cap X_2)$ 进行比较。

（三）风险区探测

识别不同因子：用于判断两个子区域间的属性均值是否有显著的差别，用 t 统计量来检验，如果在置信水平 α 下拒绝 H_0，则认为两个子区域间的属性均值存在着统计显著的差异。

（四）生态探测

用于比较两因子 X_1 和 X_2 对属性 Y 的空间分布的影响是否有显著的差异，以 F 统计量来衡量。如果在 α 的显著性水平上拒绝 H_0，这表明两因子 X_1 和 X_2 对属性 Y 的空间分布的影响存在着显著的差异。

参 考 文 献

[1] 谢宗万 . 中药品种理论与应用 [M]. 北京：人民卫生出版社，2008：931.

[2] 胡世林 . 青蒿的本草考证 [J]. 亚太传统医药，2006，（1）：28.

[3] 李锐 . 青蒿素及其衍生物抗疟作用和药代动力学研究 [J]. 中药药理与临床，1986：56.

[4] 国家药典委员会 · 中国药典 . 一部 [S]. 北京：中国医药科技出版社 . 2015：198.

[5] 王家葵 . 中药材品种沿革及道地性 [M]. 北京：中国医药科技出版社，2007：253.

[6] 胡世林，徐起初，刘菊福，等 . 青蒿素的植物资源研究 [J]. 中药通报，1981，（2）：13.

[7] 屠呦呦，等 . 常用中药材品种整理和质量研究 [R]. 北京：中国中医科学院中药研究所，1990：12.

[8] 中国科学院《中国植物志》编辑委员会 . 中国植物志 [M]. 北京：科学出版社，1977.

[9] 马继兴 . 马王堆古医书考释 [M]. 长沙：湖南科学技术出版社，1992.

[10] 中国药材公司 . 中国中药资源志要 [M]. 北京：科学出版社，1994：1248.

[11] 胡世林 . 中国道地药材原色图说 [M]. 济南：山东科学技术出版社，1998：318.

[12] 陈可冀 . 清宫医案集成 [M]. 北京：科学出版社，2009：1589.

[13] 张小波，郭兰萍，黄璐琦 . 我国黄花蒿中青蒿素含量的气候适宜性等级划分 [J]. 药学学报，2011，46（4）：472.

[14] 张小波，郭兰萍，韦霄，等 . 广西青蒿种植气候适宜性等级区划研究 [J]. 中国中药杂志，2008，33（15）：1794.

[15] 陈和荣 . 黄花蒿新品系"京夏 I 号"的选育 [J]. 中国技术成果大全，1992，（1）：186-187.

[16] 陈大霞，李隆云，彭锐，等 . 我国黄花蒿天然群体遗传多样性的 SRAP 分析 [J]. 中草药，2011，42（8）：1591-1595.

[17] 吴叶宽，刘翔，李隆云，等 . 西南地区野生黄花蒿群落种间联结性分析 [J]. 中国中药杂志，2013，38（5）：670.

[18] 姜丹 . 黄花蒿分子谱系地理学研究及核心种质构建 [D]. 济南：山东中医药大学，2012.

[19] 王国强 . 全国中草药汇编（第三版）[M]. 北京：人民卫生出版社，2014：897.

[20] 余正文，杨占南，宋庆发，等 . 武陵山多年生黄花蒿中青蒿素含量分析 [J]. 江西师范大学学报（自然科学版），2011，35（3）：266.

[21] 郭晨，刘春朝，叶和春 . 温度对青蒿毛状根生长和青蒿素生物合成的影响 [J]. 西北植物学报，2004，24（10）：1828.

[22] Wallaart TE，Pras N，Beekmann AC，et al. Seasonal variation of artemisinin and its biosynthetic precursors in plants of Artemisia annua of different geographical origin：proof for the existence of chemotypes [J]. Planta Med，2000，66：57.

[23] 杨瑞仪，卢元媛，杨雪芹，等 . 低温诱导黄花蒿中青蒿素的生物合成及其机制研究 [J]. 中草药，

2012，43（2）：350.

[24] 钟凤林，陈和荣，陈敏 . 青蒿最佳采收时期、采收部位和干燥方式的实验研究 [J]. 中国中药杂志，1997，22（7）：405-406.

[25] 张龙，叶和春，等 . 青蒿无性系中青蒿素生物合成的相关因素 [J]. 应用与环境生物学报，2004，10（3）：277.

[26] 刘春朝，王玉春，欧阳藩，等 . 适于青蒿芽生长和青蒿素积累的光、温和培养方式探讨 [J]，植物生理学报，1999，25（2）：105-109.

[27] 李典鹏，梁小燕，陈秀珍，等 . 采用薄层层析 - 紫外分光光度法测定广西不同产地黄花蒿中青蒿素含量 [J]. 广西植物，1995，15（3）：254-255.

[28] 韦霄，等 . 黄花蒿生物学特性研究 [J]. 广西植物，1997，17：166-168.

[29] 世界卫生组织 . 青蒿种植和采收质量管理规范 [C]. 2005：6.

[30] 王三根，梁颖 . 中药青蒿的生态生理及其综合利用 [J]. 中国野生植物资源 . 2003，22（4）：47.

[31] 钟国跃，周华蓉，凌云，等 . 黄花蒿优质种质资源的研究 [J]. 中草药 1998，29（4）：264-267.

[32] 李锋，韦霄，许成琼，等 . 广西黄花蒿类型调查研究 [J]. 广西植物，1997，17（3）：231.

[33] 张小波，郭兰萍，黄璐琦，等 . 广西青蒿生产适宜性的区域差异分析 [J]. 资源科学，2008（5）：759-764.

[34] 马进，向极钎，杨永康，等 . 黄花蒿新品种选育现状及其系统选育研究进展 [J]. 湖北农业科学，2014，53（19）：4520.

[35] 张荣沭，赵敏，韩颂 . 引种的不同种源黄花蒿青蒿素含量的研究 [J]. 林产化学与工业，2008，28（6）：84.

[36] 韦树根，马小军，冯世鑫，等 . 中国黄花蒿主产区种质资源评价 [J]. 中国中药杂志，2008，33（3）：241.

[37] 陈大霞，彭锐，李隆云，等 . 我国黄花蒿天然群体遗传多样性的 SRAP 分析 [J]. 中草药，2011，42（8）：1591.

[38] 石开明，艾训儒，丁莉，等 . 鄂西地区青蒿遗传多样性研究 [J]. 湖北农业科学，2008，47（7）：741.

[39] 刘卫今，蒋向辉，李丹 . 15 份不同来源青蒿种质的比较形态学研究 [J]. 怀化学院学报（自然科学），2008，27（2）：45.

[40] 李承卓 . 黄花蒿种质资源遗传多样性研究 [D]. 南宁：广西大学，2014.

[41] 陈大霞，崔广林，张雪，等 . 黄花蒿品种（品系）群体遗传结构及遗传多样性的 SCoT 分析 [J]. 中国中药杂志，2014，39（17）：3254.

[42] 屠呦呦，朱启聪，沈星 . 中药青蒿幼株的化学成分研究 [J]. 中药通报，1985，（9）：34.

[43] 徐定华，张晓蓉，陈功锡，等 . 不同生长期黄花蒿青蒿酸含量消长变化分析 [J]. 中药材，2012，35（12）：1914-1917.

[44] 张晓蓉，邓启迪，徐定华，等 . 基于斑点面积法定量分析不同生长期黄花蒿青蒿酸含量 [J]. 中药材，2013，36（11）：1748-1752.

[45] 朱卫平，刘仲华，盛孝邦 . 黄花蒿不同发育期和不同分枝青蒿素含量和产量的动态变化 [J]. 中国现代应用药学，2010，8（9）：651.

[46] 陈迪钊，唐根云，张智慧 . 黄花蒿中青蒿素含量的动态变异性研究 [J]. 中南药学，2010，27（9）：804.

[47] 何明军，杨新全，秦徐杰，等 . 海南黄花蒿最佳采收期研究 [J]. 中国药业，2012，21（17）：18.

[48] 冯世鑫，马小军，闫志刚，等 . 加工方法对黄花蒿提取青蒿素含量的影响 [J]. 广西植物，2009，

29（6）：857.

[49] 郑志福，柯桂榕，陈瑞丽，等 . 黄花蒿干叶中青蒿素含量降解速度研究 [J]. 海峡药学，2013，25（12）：56.

[50] Li B，Zhou H. Research progress on pharmacological activities of artemisinin and its derivatives[J]. Chin J ClinPharmacolTher，2010，15（5）：572-576.

[51] 杨丹，都艳玲，赵楠，等 . 青蒿素及其衍生物的药理作用研究进展 [J]. 吉林医药学院学报，2014，35（2）：132.

[52] 赵宇平，王慧，杨光，等 . 基于文本挖掘技术探索青蒿的药理作用规律 [J]. 中国中药杂志，2016，16：3072-3077.

[53] 龚春晖 . 蒿红方止咳抗炎的药效研究和机理的初步探讨 [D]. 广州：广州中医药大学，2010.

[54] 余梦辰 . 青蒿琥酯增强小鼠腹腔巨噬细胞内化清除内毒素、大肠埃希菌的作用及其机制研究 [D]. 重庆：第三军医大学，2012.

[55] 王忠伟 . 疟原虫抗原特异的 CD4$^+$ T 细胞免疫保护特异性研究 [D]. 上海：第二军医大学，2008.

[56] 杨盛力，张小玲，刘利平，等 . 乙肝病毒 X 蛋白通过激活 NF-κB 信号通路上调肺耐药相关蛋白的表达 [J]. 华中科技大学学报：医学版，2012，41（1）：54.

[57] 任利，陈孝平，张万广，等 . 乙肝病毒 X 蛋白激活 NF-κB 信号通路对 AFP 表达的影响 [J]. 中国普通外科杂志，2008，17（8）：768.

[58] 闫毓秀，张淑萍，滑静 . p53 基因研究进展 [J]. 北京农学院学报，2009，24（2）：74.

[59] Langhorne J，Albano F R，Hensmann M，et al. Dendritic cells，pro-inflammatory responses，and antigen presentation in a rodent malaria infection[J]. Immunol Rev，2004，201（1）：35.

[60] Bhakuni R S，Jain D C，Sharma R P，et al. Secondary metabolites of Artemisia annua and their biological activity [J]. Curr Sci，2001，80（1）：35-48.

[61] 王鸿博，肖皖，华会明，等 . 黄花蒿的化学成分研究进展 [J]. 现代药物与临床，2011，26（6）：430-443.

[62] Levesque F，Seeberger P H. Continuous-flow synthesis of the anti-malaria drug artemisinin[J]. Angew ChemInt Ed Engl，2012，51（7）：1706.

[63] Nair，M S R，Basile D V. Bioconversion of arteannuin B to artemisinin[J]. J Nat Prod，1993，56（9）：1559-1566.

[64] 汪猷，谢志强，周凤玉，等 . 青蒿素生物合成的研究，Ⅲ . 青蒿素和青蒿素 B 生物合成中的关键性中间体 - 青蒿酸 [J]. 化学学报，1988，46（11）：1152-1153.

[65] 陈有根，余伯阳，董磊，等 . 青蒿素及其前体化合物的提取分离与鉴定 [J]. 中草药，2001，32（4）：302-303.

[66] Brown G D. Cadinanes from Artemisia annus that may be intermediates in the biosynthesis of artemisinin[J]. Phytochemistry，1994，36（3）：637-641.

[67] 卢文婕 . 青蒿素生物合成的研究进展 [J]. 山西中医学院学报，2009，10（2）：69-70.

[68] Wu W，Yuan M，Zhang Q，et al. Chemotype-dependent metabolic response to methyl jasmonate elicitation in Artemisia annua [J]. Planta Med，2011，77（10）：1048-1053.

[69] 孔建强，王伟，程克棣，等 . 青蒿素的合成生物学研究进展 [J]. 药学学报，2013，48（2）：193-205.

[70] 付彦辉，钟俊，罗素琴，等 . 青蒿素的化学合成研究进展 [J]. 中国药学杂志，2014，49（10）：795-806.

[71] 彭俊文，朱晓伟，陈建平，等.黄花蒿中黄酮类成分的分离鉴定 [J].内蒙古医学院学报，2011，33（2）：152-157.

[72] 陈靖，周玉波，张欣，等.黄花蒿幼嫩叶的化学成分 [J].沈阳药科大学学报，2008，25（11）：866-870.

[73] 杨国恩，宝丽.黄花蒿中的黄酮化合物及其抗氧化活性研究 [J].中药材，2009，32（11）：1683-1686.

[74] Yang S L，Roberts M F，Phillipson J D. Methoxylated flavones and coumarins from Artemisia annua [J]. Phytochemistry，1989，28（5）：1509-1511.

[75] Yang S L，Roberts M F，O'Neill M J，et al. Flavonoids and chromenes from Artemisia annua [J]. Phytochemistry，1995，38（1）：255-257.

[76] Bilia A R. Advances of Molecular Clinical Pharmacology in Gastroenterology and Hepatology[J]. Phytomedicine. 2006，13（7）：487-493.

[77] 李瑞珍，王定勇，廖华卫.野生黄花蒿种子挥发油化学成分的研究 [J].中南药学，2007，5（3）：230-232.

[78] 赵进，孙晔，田丽娟.不同产地黄花蒿挥发油成分的 GC-MS 研究 [J].陕西中医学学院学报，2009，32（5）：72-73.

[79] 张书锋，于新蕊，秦葵，等.石家庄野生黄花蒿挥发油的化学成分分析 [J].湖南中医杂志，2012，28（3）：131-132.

[80] 陈靖.黄花蒿化学成分调控及黄酮对青蒿素药代动力学影响研究 [D].沈阳：沈阳药科大学，2008：2.

[81] Jigang Wang，Chong-jing Zhang，Wan Ni Cia，et al. Haem-activated promiscuous targeting of artemisinin inPlasmodium falciparum[J]. *Nature communications* 2015，（6）：1.

[82] 刘宗磊，杨恒林.青蒿素类药物研究进展 [J].中国病原生物学杂志，2014，9（1）：1-3.

[83] 黄小燕.青蒿素类抗疟药研究进展 [J].赣南医学院学报，2009，29（6）：983-985.

[84] 罗丹，刘伟光，杨亚明.青蒿素类抗疟药的作用机制及耐药机制研究进展 [J].中国医学创新，2014，11（9）131-135.

[85] 叶祖光.青蒿素类抗疟药研究二十年 [J].国外医学（中医中药分册），1995，17（5）：3-8.

[86] 王晓欢，张山鹰.消除疟疾策略研究进展 [J].海峡预防医学杂志，2014，20（4）：12-16.

[87] 卢珊珊，吴兰鸥，杨照青.青蒿素类药物与其他药物配伍治疗疟疾的研究进展 [J].中国病原生物学杂志，2009，4（3）：232-237.

[88] 胡世林，许有玲.纪念青蒿素 30 周年 [J].世界科学技术，2005，7（2）：1-3.

[89] 王京燕，丁德本，李国福，等.磷酸萘酚喹伍用青蒿素对猴疟原虫的药效学研究 [J].中国寄生虫学与寄生虫病杂志，2008，26（6）：442-445.

[90] 王京燕，李国福，赵京花，等.磷酸萘酚喹与青蒿素伍用增效和延缓疟原虫抗药性的研究 [J].寄生虫与医学昆虫学报，2008，15（3）：133-138.

[91] 车立刚，张有林，李兴亮，等.苯芴醇与青蒿琥酯伍用治疗抗药性恶性疟疗效观察 [J].中国寄生虫病防治杂志，1994，5（4）：171-174.

[92] 王金华，叶祖光，薛宝云，等.小柴胡汤及其与青蒿素配伍的免疫学作用研究 [J].中国实验方剂学杂志，1995，1（1）：28-34.

[93] 张伯礼，王永炎.方剂关键科学问题的基础研究——以组分配伍研制现代中药 [J].中国天然药物，2005，3（5）：258-261.

[94] 杨金果，李珩，李运伦．中药有效组分配伍的研究进展 [J]. 上海中医药杂志，2012，46（3）：59-63.

[95] 陶丽，范方田，刘玉萍，等．中药及其组分配伍的整合作用研究实践与进展 [J]. 中国药理学通报，2013，29（2）：153-156.

[96] 李冀，付殿，高彦宇．中药有效组分配伍研究新进展 [J]. 中医药信息，2014，31（3）：162-165.

[97] 纪晓光，孙雅洁，王京燕，等．青蒿化学成分及其与青蒿素伍用对鼠疟的药效学研究 [J]. 寄生虫与医学昆虫学报，2008，15（4）：198-202.

[98] 王满元，张超，李静，等．青蒿截疟组合物与牛血清白蛋白的相互作用 [J]. 高等学校化学学报，2014，35（2）：309-3141.

[99] Ding Fangyu，Ma Tian，Hao Mengmeng，et. Mapping worldwide environmental suitability for Artemisia annua L. [J]. Sustainability. 2020，12：1309.

[100] 张小波，王利红，郭兰萍，等．广西地形对青蒿中青蒿素含量的影响 [J]. 生态学报，2009，29（2）：688-697.

[101] 马建华．现代自然地理学 [M]. 北京：北京师范大学出版社，2002：105-106.

[102] 范振涛，马小军，冯世鑫，等．青蒿素含量等级分布模型的结果验证 [J]. 中国中药杂志，2009，34（3）：269-271.

[103] 王劲峰，李连发，葛咏，等．地理信息空间分析的理论体系探讨 [J]. 地理学报，2000，55（1）：92-103.

[104] Guerra C A，Gikandi P W，Tatem A J，et al. The Limits and Intensity of Plasmodium falciparum Transmission：Implications for Malaria Control and Elimination Worldwide[J]. PLOS Medicine，2008，5（2）：0300-0311．

[105] 范中桥．地域分异规律初探 [J]. 哈尔滨师范大学自然科学学报 [J].2004，20（5）：106-109.

[106] 龚维进，覃成林，徐春华，等．空间异质、空间依赖与泛珠三角的新区划——基于最大 P 区域问题的区划方法 [J]. 经济问题探索，2016，（6）：49-56.

[107] Avise JC，Arnold J，Ball Jr. RM，et al. Intraspecific phylogeography：the mitochondrial DNA bridge between population genetics and systematics. *Annual Review of Ecology and Systematics*，1987，18：489-522.

[108] Zeng YF，Liao WJ，Petit RJ，et al. Geographic variation in the structure of oak hybrid zones provides insights into the dynamics of speciation. *Molecular ecology*，2011，20（23）：4995-5011.

[109] Peng Y，Yin S，Wang J，et al. Phylogeographic analysis of the fir species in southern Chinasuggests complex origin and genetic admixture. *Annals of forest science*，2012，69（3）：409-416.

[110] Keppel G.，Van Niel K. P.，Wardeli-Johnson G. W.，et al. Refugia：identifying and understanding safe havens for biodiversity under climate change. *Global Ecology and Biogeography*，2012，21：393-404.

[111] 李春林，刘淼，胡远满，等．基于增强回归树和 Logistic 回归的城市扩展驱动力分析 [J]. 生态学报，2014，34（3）：727-737.

[112] Wang，J.F.，et al.，Geographical Detectors-Based Health Risk Assessment and its Application in the Neural Tube Defects Study of the Heshun Region，China. International Journal of Geographical Information Science，2010. 24（1）：p. 107-127.

[113] Wang，J.F.，T.L. Zhang，and B.J. Fu，A measure of spatial stratified heterogeneity. Ecological Indicators，2016. 67：p. 250-256.

[114] 王劲峰，徐成东．地理探测器：原理与展望 [J]. 地理学报，2017，72（1）：116-134.

缩 略 词 表

A

A.	Artemisia 1	
A.annua L.	Artemisia *annua* Linn. 1	
AQL	Acceptable Quality Limit 79	
AUC	Area Under Curve 33	

B

BRT	Boosted Regression Tress 209

C

CCAFS	Climate Change Agriculture and Food Security 22
CGIAR	Consultative Group On International Agricultural Research 22
CIAT	International Center for Tropical Agriculture 22
CRAN	The Comprehensive R Archive Network 205
CRU	Climatic Research Unit 22

D

DEM	Digital Elevation Model 33

E

EMP	Embden-Meyerhof-Parnas 10
ESSP	Earth System Science Partnership 22

F

FAO	Food and Agriculture Organization of the United Nations 22

G

GBIF	Global Biodiversity Information Facility 21

H

HWSD	Harmonized World Soil Database 22

I

IIASA	International Institute for Applied Systems Analysis 22
ISSR	inter-simple sequence repeat 7

L

L.	Linn. 1

M

MAP	The Malaria Atlas Project	196
MAPK	mitogen-activated protein kinase	10

P

PD	The power of determinant	136
PR	parasite rate	196

R

RC	Relative Contribution	33

S

SRAP	Sequence-related amplified polymorphism	5

后　记

　　由于青蒿药材的产区自然环境多样、社会需求和临床应用需求各异，受自然生态和社会环境的影响，如何选取适宜的区域种植青蒿，为工业生产和临床用药提供优质药材？影响产区变迁的驱动力因素是什么？确定优质药材产区的依据及其空间格局和分布规律是什么？这些问题的回答，需要进行青蒿的区划研究。

　　通过对青蒿的分布区划、生长区划、品质区划和生产区划等方面研究，认为：针对某种中药材的区划研究，应该综合考虑其自然、社会和药用的属性特征，从时间、空间和药用的维度，针对"天地人药"之间的关系，把"生态环境－优质产区－生产应用－临床功效"等影响药材利用的要素关联起来，从描述研究、解释分析、机理研究等科学研究的不同维度，利用中药学、地理学、统计学、生态学等技术方法进行整体评价分析，来反映中药材的空间特性。

　　对于某种中药材的区划研究，要求研究者应对所研究药材进行充分的实地调查获取第一手调查数据，需要查阅大量的文献资料获取丰富的第二手资料，作为区域划分的基础依据。对于某一份区划结果图，需要明确区划所用数据来源、研究方法和分区依据，研究对象、目的、评价依据等，这些因素的不同对区划结果有直接影响。依据上述因素的不同，区划结果也将会随之改变，因此，区划的结果具有多样性、变化性等方面的特性，需要研究者和绘图者不断深入探索研究。

一、区划研究应关注中药材的空间特征和规律

　　对于某种中药材的区划研究，应明确其在各地分布的有无、数量的多少、品质的优劣、生产的适宜性空间格局和分布规律。只有明确其优质产区变迁规律、各功效用途对应评价指标的空间分布特征规律、优质药材产区格局特征分布规律及其时空变化趋势，才能为中药材的保护、开发和合理利用提供参考依据。

（一）青蒿分布区划研究

　　通过实地调查、查询相关数据库获取的青蒿分布数据资料，相关生态环境数据，利用生态环境相似度和生态位模型等方法，分别以省域（广西）、中国和世界为研究区域，研究不同空间尺度下青蒿的空间分布规律。结果显示：除南极洲以外，其他洲均有适宜青蒿分布的生态环境，但并非每一个角落都有青蒿分布。

　　同时分析青蒿在现有气候条件和未来气候条件下的潜在分布区域，明确了在自然生

态环境条件下，青蒿的地理空间分布规律和空间差异性分布特征。明确了青蒿的地理空间分布界限：水平方向上广泛分布于亚热带和温带地区，垂直方向上主要分布在 3500m 以下的区域。

（二）青蒿生长区划研究

基于文献调查和实地调查获取的青蒿生物量数据，及与青蒿分布相关的生态环境数据为基础；通过空间插值、相似度分析等方法，以省域（广西）、中国为研究区域，在不同空间尺度下研究青蒿生物量多少的空间分布规律，及其与生态环境之间的关系，明确了青蒿高产区的空间分布规律。结果显示：中国北纬 34°以南、东经 120°以西和 100°以东的区域，海拔 1000m 以下区域，为适宜青蒿生长的区域；区域内青蒿的数量相对较多。自然条件下，黄河以东、长江以北地区，生长在中温带、南温带的青蒿，草原和草甸中的青蒿，其个体数量相对较多。自然条件下，分布在海拔 1000m 以下区域的青蒿，其个体数量相对较多；分布在海拔 1000m 以上区域的青蒿，其个体数量相对较少。

（三）青蒿品质区划研究

以中国为研究区域，以青蒿药材为研究对象，针对青蒿用于截疟、解暑热的不同功效用途，以青蒿素、青蒿乙素、青蒿酸和东莨菪内酯 4 种化学成分为指标，基于对 19 个省（区、市）250 个样地 1250 份青蒿样品，及其化学成分与自然生态环境、功效用途和社会需求之间的分析，明确了不同区域、不同空间尺度下青蒿主要化学成分及其与环境之间的关系，青蒿药材品质的差异性空间分布特征和规律；我国南部青蒿素含量较高、北部相对较低，南部青蒿乙素含量较低、北部相对较高。

（四）青蒿的生产区划研究

在分布、生长和品质区划研究的基础上，同时考虑自然生态环境因子对青蒿产量、质量及青蒿素产量的影响，并结合工业生产对青蒿原料的要求，各地土地利用状况等社会经济因素，进行以青蒿素等化学成分含量生产的区划研究依据，明确了不同区域之间青蒿中主要功效成分生产能力的差异性空间分布特征和规律。我国东南地区的自然生态条件下青蒿素生产能力较高，适合以截疟为目的的青蒿生产，华北及东北地区的自然生态条件下青蒿乙素生产能力较高，适合以解暑热为目的的青蒿生产，中部地区为中间过渡带，青藏高原、西北干旱和寒冷区域暂不适宜青蒿生产。

二、区划研究应关注产区变迁的驱动力因素

道地药材具有较强的地域性，在历史演变长河中形成了相对稳定的药材产区，但也随着时代发展而不断变迁。由于不同历史时期、不同的社会应用主体，对青蒿药材功效用途、社会需求和重点应用领域不同，同一种药材可能有多个不同的优质产区。优质药材产区应从"自然、社会和药用"特征，"时间、空间和药用"的维度综合考虑。

通过对青蒿产区变迁的主要驱动力因素研究，明确了青蒿优质药材产区变迁的主要

驱动力因素是社会需求和用途不同。清代以前青蒿主要用于"解暑热"，优质药材产区在中部地区；现代因青蒿素治疗疟疾而知名，青蒿优质药材产区变迁到南部地区的重庆和两广地区。

清代以前，人们用青蒿主要治暑热、外治疥疮、截疟等；青蒿优质药材产区在中部地区。青蒿入药始载于马王堆三号汉墓出土文物帛书《五十二病方》的"三十五：牝痔方"。东晋《肘后备急方》卷三有关于"治寒热诸疟方"的记载。唐朝以前，青蒿虽有截疟的记载，但青蒿入药主要用于治暑热、外治疥疮等。宋元明时期，青蒿进入了治疗急性热病的领域，也有了关于"治疟疾寒热"功效和使用的记载。清代以前青蒿主要用于解暑热等方面，兼有截疟的应用，道地产区在我国的中部地区。最早有青蒿道地产地记载的为明代《本草品汇精要》："道地汝阴、荆、豫、楚"，在今天的湖北、河南和安徽及周边地区，范围相对较广。

清代，人们把青蒿主要用于"解暑热"，青蒿优质药材产区在"荆州"。清宫用药取材范围广泛，多使用道地药材，清宫应用各地进宫药材出处档案记载"青蒿出荆州"。《清宫医案》的记载的荆州与现代的"荆州"区域相近，但是否一致尚待研究。通过查阅《清宫医案》中青蒿入药的药方，青蒿主要是用于解热的功效。

现代，青蒿因青蒿素治疗疟疾而知名，青蒿优质药材产区在中国的南部地区。基于临床应用对青蒿素含量的需求，由于两广地区青蒿素含量较高，谢宗万建议青蒿道地药材取名"广青蒿"。由于重庆地区大面积种植青蒿，而且青蒿素含量较高，胡世林在编著《中国道地药材》时将青蒿的道地产区定在重庆的酉阳。本书研究发现，青蒿药材中青蒿素含量纬向变化明显，高纬度地区青蒿素含量较低，低纬度地区青蒿素含量较高。在北纬 34° 以南，东经 100° ～ 120° 之间地区人工种植青蒿，青蒿素含量可以超过工业提取对含量应高于 0.5% 的最低要求。

基于国际社会对青蒿素的需求，从抗疟成分青蒿素含量高低的角度考虑，青蒿的道地产区由中部地区转移到南部的重庆、两广及其周边地区。说明青蒿药材道地产区的变迁主要原因是用途（临床应用）不同。可以预见，随着临床应用对青蒿药材需要的变化，社会生产实践技术的发展，青蒿优质药材的产区还将发生变动。青蒿道地药材的产地变迁也印证了"道地药材指经过中医临床长期应用优选出来的"。

三、区划研究应关注优质产区选择的评价依据

对于某种中药材优质产区的划分，应对其"自然、社会和药用"的属性进行综合评价，优质药材的产区应通过临床多个功效综合作用进行选择。道地药材功效是临床多个功效协同作用，道地产区的药材是功效综合作用最好的药材。

（一）青蒿药材的传统道地产区为 3 种化学型的交叉过渡带

本研究发现青蒿药材共有 3 种化学型。不同区域之间，青蒿药材中各化学成分的比例、化学型不同，导致其临床功效也不同。青蒿素主导型（QHS）：以有"截疟"作用的青蒿素和东莨菪内酯为主（PC1），主要分布于长江以南。青蒿乙素主导型（QHYS）：以有"解暑热"作用的青蒿乙素和青蒿酸为主（PC2），主要分布于长江以北的华北和东北

部。中间型：主要分布于中部和西北地区，中部地区也是青蒿传统道地产区，位于青蒿 3 种化学型的交叉过渡带。

表 1　青蒿化学型与地理空间分布的关系

化学型	Qa（%）	Qb（%）	Qc（%）	Qd（%）	PC1（%）	PC2（%）	分布区	地形区	气候区
QHS	82.8～92.8	2.2～13.6	0.5～7.9	1.5～3.8	0～20	80～100	31 度以南	第 一、二 阶梯	亚热带
中间型	50.8～78.2	18.2～46	14.5～1.8	0.6～2.4	20～50	50～80	31 度以北，西部	第二阶梯	暖温带、中温带
QHYS	24.1～42.2	39.5～62.5	9.0～30.8	0.98～3.2	> 50	< 50	31 度以北，东部	第一阶梯	暖温带、中温带

注：Qa（青蒿素）、Qb（青蒿乙素）、Qc（青蒿酸）、Qd（东莨菪内酯）

（二）青蒿道地产区是功效综合作用最好的区域

根据《清宫医案》记载"青蒿出荆州"，本项目基于荆州及周边地区所产青蒿药材中 4 种化学成分的比例关系，进行组分配伍抗疟实验，研究结果表明：传统道地产区药材的"截疟"作用与单用青蒿素的效果相当，同时青蒿素的用量少一半以上。说明：传统道地产区青蒿中青蒿素等 4 种化学成分的协同作用效果非常显著，传统道地产区的青蒿药材解暑热、截疟效果均佳。

青蒿具有解暑热、截疟、退黄等功效，基于古人传统的认识，青蒿药材优质产区应是药材综合作用最佳的区域。中部和北方地区的青蒿虽然在青蒿素含量方面较低，但是青蒿特有的化学成分协同抗疟或其他功效方面都有其独特的作用。

四、区划研究应关注空间尺度效应

由于研究区域范围大小不同、社会需求和用途不同，如果分别以不同化学成分含量高低评判优质药材的产区，同一地区可以被确定为优质药材产区，也有可能被确定为劣质药材产区。青蒿中化学成分与自然环境之间关系的尺度效应明显。

通过青蒿的分布、生长和品质区划研究，明确了不同区域、不同空间尺度下青蒿主要化学成分及其与环境之间的关系，青蒿药材品质的差异性空间分布特征和规律。如在广西范围，温度高、海拔高的地方青蒿素含量低；在全国范围，温度高、海拔低的地方青蒿素含量高。用不同数据源、不同尺度和方法进行分布区划，得到的分布规律、主导生态因子和分布区划结果图均存在一定的差异性。

通过青蒿品质区划研究，结果发现：自然条件下，青蒿中青蒿素等 4 种化学成分含量存在着显著的空间自相关性和差异性分布规律。青蒿用于解暑热的优质药材，化学型为"青蒿乙素主导型"，青蒿乙素和青蒿酸占 4 种成分总百分比高于 50%，分布于长江以北；华北及东北地区的自然生态条件下青蒿乙素生产能力较高，适合以解暑热为目的的青蒿生产，是以青蒿乙素为目标或质量评价标准、用于暑热药材的优质产区。用于截疟的优质药材，化学型为"青蒿素主导型"，青蒿素和东莨菪内酯占4种成分总百分比高于80%，分布于长江以南；自然生态条件下青蒿素生产能力较高，适合以截疟为目的的青蒿生产，是以青蒿素为目标或质量评价标准，用于截疟药材的优质产区。青蒿传统道地产区，兼有解暑热和截疟的作用，青蒿素百分比略高于50%，青蒿乙素百分比略低于50%，青蒿酸和东莨菪内酯合起来的百分比在5%左右，主要分布于中部地区，为化学型的中间过渡带，化学型为"中间型"。

由于青蒿化学成分的差异性分布，进而引起了药材功效作用和质量的差异性分布。青蒿种植基地的选取，应基于青蒿的"自然、社会和药用"属性进行综合评价，不同区域范围和不同评价指标体系下，青蒿药材的品质和优质产区也不同。因此，提出：优质药材质量是多组分综合作用的结果，质量标准是基于临床功效的差异。

五、区划研究应关注"天地人药"之间的关系

中药材的人工种植，只有同时满足了天时（最佳采收期）、地利（适宜的自然环境）、人和（满足社会需求），生产出来的中药材才可能是优质的药材。应针对"天地人药"之间关系对优质药材的品质进行综合分析和评价。如中药材优质药材的采收期，应根据产区和用途的不同分别确定。

根据《中国药典》青蒿采收期在秋季花盛开时。在李时珍编著的《本草纲目》中记载："秋冬用子、春夏用苗。四月、五月采日干入药；八、九月采子入药"。由于在一定条件下青蒿乙素和青蒿酸能转化为青蒿素，青蒿苗期青蒿素含量较低、青蒿乙素含量较高、在花盛期青蒿素含量最高，青蒿乙素含量较低；青蒿在南部生长时间长，在北部生长时间短，各地青蒿进入生长盛期、盛花期的月份也不同；《中国药典》中规定青蒿的采收期应是主要针对青蒿截疟关于青蒿素含量要求规定的。

通过文献和区划研究发现：青蒿中对解暑热起主要作用的青蒿乙素和青蒿酸，在南方6月份左右含量较高；在北方8月份左右才较高，之后将逐渐降低。因此，如用于解热，南方应6～7月采、北方7～8月采，青蒿乙素等含量相对较高。对截疟起主要作用的青蒿素和东莨菪内酯，在南方7～8月份左右含量较高；在北方9～10月份左右才较高。因此，用于截疟的青蒿，南方应7～8月采、北方9～10月采，青蒿素等含量相对较高。如果将青蒿用作解暑热药，或用于提取青蒿乙素或青蒿酸，关于青蒿的采收期要比《中国药典》规定的提前；用作抗疟药或提取青蒿素，广西7～8月份采、重庆8月份采、甘肃及其他地方9～10月份采。

表2　青蒿不同用途最佳采收期

功效用途	评价指标	评价标准	采收期	北方	中部	南方
解暑热	青蒿乙素＋青蒿酸	百分比＞50%	生长盛期	7～8月	7月	6～7月
截疟	青蒿素＋东莨菪内酯	百分比＞50%	花盛开期	9～10月	9月	7～8月
解暑热和截疟综合功效	两类主要成分	接近50%	花前期	9月	8月	7月
疟疾、寒热、名目、恶疮等	待研究	待研究	生长期	—	4、5月	